U0858568

谨献给市政基础设施和公路设施建设者

TIANJIN MUNICIPAL

MEMORY 天津

市政记忆 三

1978—2014年天津市政公路建设

《天津市政记忆》编辑委员会　编著

人民交通出版社股份有限公司
China Communications Press Co.,Ltd.

图书在版编目（CIP）数据

天津市政记忆．三，1978–2014年天津市政公路建设 /《天津市政记忆》编辑委员会编著．-- 北京：人民交通出版社股份有限公司，2016.10
ISBN 978-7-114-13425-8

Ⅰ．①天… Ⅱ．①天… Ⅲ．①市政工程 – 道路建设 – 天津 – 1978–2014 Ⅳ．① TU99

中国版本图书馆 CIP 数据核字 (2016) 第 261764 号

天津市政记忆 三
1978—2014年天津市政公路建设

著 作 者：《天津市政记忆》编辑委员会
责任编辑：孙 玺 王 丹 卢俊丽
排　　版：北京楚泰文化传播有限公司
出版发行：人民交通出版社股份有限公司
地　　址：北京市朝阳区安定门外外馆斜街3号（100011）
网　　址：http://www.ccpress.com.cn
销售电话：（010）59757973
总 经 销：人民交通出版社股份有限公司发行部
经　　销：各地新华书店
印　　刷：北京盛通印刷股份有限公司

字　　数：238千　开　本：880×1230　1/16　印　张：15.5　插　页：3
版　　次：2016年10月　第1版
印　　次：2016年10月　第1次印刷
书　　号：ISBN 978-7-114-13425-8
定　　价：230.00元

天津地处九河下梢，依海河流转接八方来风，靠陆路交通辐射内地诸省，津浦、京山铁路在此交汇，是我国北方重要的交通枢纽。

天津，从明永乐二年（1404 年）筑城设卫至今，已有 610 多年的历史。1840 年的鸦片战争，揭开了中国近代史的序幕。1860 年，第二次鸦片战争后，签订了中英、中法《北京条约》，帝国主义列强先后在天津划定租界，天津被迫开埠，从一个封建都会逐步演变为半殖民地半封建的城市，这是天津城市发展的一个转折点。

天津的道路、桥梁、排水、园林等市政基础设施和公路交通设施，随着老城的聚落而诞生，伴着都市的扩张而发展。天津被迫开为商埠后，清政府成立了国内第一个官办市政工程机构——天津工程局，修建了第一条砖石路面的“官道”——沿河马路，修建了第一座钢桥——大红桥和第一座开启桥——金华桥，建起了第一个官办公园——中山公园；民国政府按西方技术标准修建了第一条近代公路——京津大道；各租界当局也在租界内陆续铺筑道路，修建钢桥、钢筋混凝土桥，天津成为当时国内开启桥最多的城市。这些市政基础设施使得天津开埠后得领时代风气之先，在国内较早地步入城市近代化的行列。

但是，在半殖民地半封建的旧中国，由于军阀混战，八国租界各自为政，市政建设没有统一规划，给市政设施的发展造成许多障碍和后患，城市道路断头、卡口甚多；海河纵贯市区，仅有桥梁 4 座；京山、津浦铁路穿越市区百里，仅有狭窄地道 9 座；东西不通，南北不畅，全市道路交通网络根本没有形成；租界内外都把污水排入附近河道，加之排水设施各成系统，多次造成水淹市区的惨剧。

1949 年 1 月 15 日天津解放，市人民政府接管旧工务局，沿袭原有建制成立市人民政府工务局，主管天津市区道路、桥梁、排水、园林、防洪等市政基础设施建设和养护管理工作，1955 年又从河北省接管了全市干线公路管理职能。六十多年来，随着政府行政机构的不断改革调整，市工务局曾先后更名为建设局、市政工程局、市政公路管理局，名称虽多次变化，工作目标、任务和管理范围也在更新拓展，但始终承担着市政公路设施的规划、设计、建设和养护管理等职能。

天津解放后至改革开放前的近 30 年间，市政基础设施建设总体上实现了稳步发展。在城市道桥建设方面，打通道路瓶颈、卡口，拓宽主要干道，为工人新村和工业区修建配套道路，建成中心广场，不断完善市区路网，采用新技术、新工艺建造新型桥梁地道，逐步解决过河难、过铁路难的历史痼疾。在公路建设方面，新建改造国省干线，提高公路等级，修建大型桥梁。在排水建设方面，消灭臭河臭坑“四大害”，改善城市环境卫生；实施海河改造，建成防潮闸，实现“咸淡分家、清浊分流”，完善排水管网；建成水上公园等多处园林设施，完善了道路绿化；开工修建了国内第二条地铁。

改革开放以来，天津市委、市政

府十分重视市政公路建设，持续不断地加大资金投入，基础设施日臻完善，载体功能不断提高，城市面貌和市容环境发生了巨大变化。

在城市道桥设施建设方面，市区“三环十四射”干道系统基本形成，打破了百年来市区南北不畅、东西不通的旧道路网络格局。十一经路立交桥建成，结束了百年来市区道路被京山铁路阻隔的历史；大光明桥建成，使海河百年摆渡成为历史；中环线建成，成为市区第一条快速交通干道；快速路系统基本建成，完善了中心城区快速路网骨架；结合主干路网建设，数十座大型立交桥拔地而起；以海河综合开发改造为契机，新建改造了一批跨海河桥梁，既满足了交通功能，又打造了城市景观，成为天津城市的鲜明特色和亮点。

在公路设施建设方面，第一条环城公路外环线建成，将市区放射形干道同郊县公路网连成整体；以国内第一条具有国际标准的跨省市高速公路京津塘高速公路的建成通车为标志，展开了高速公路建设的历史新画卷，十多条高速公路现已编织成网；普通国省干线公路提级改造，全部实现了一级化；乡村公路加快发展，以宁河北岳庄桥竣工通车为标志，实现了全市村村通公路，以蓟县北部山区将路修到村民家门口为标志，天津市在全国率先实现了自然村村村通公路。

在排水设施建设方面，建成当时全国最大、具有国际先进水平的纪庄子、东郊等多座污水处理厂及再生水厂，百年城市“污龙”得到明显治理，城市有了第二水资源；市区二级河道全部得到改造，成为一条条亮丽的城市风景线；排水管网日趋完善，防汛排涝能力大大增强。

在轨道交通建设方面，在20世纪80年代实现地铁1号线7.4公里正式运营的基础上进行改扩建和新建，2006年实现通车运营，随之3号线、2号线、津滨轻轨及9号线也相继通车运营，其他线路按照规划正在实施建设过程中。

天津市政公路事业走上发展较快、变化较大、综合效益较好的良性发展轨道，其基本经验正如1986年夏，邓小平同志视察中环线道路工程时所言："改革，现代化科学技术，加上我们讲政治，威力就大多了。"

《天津市政记忆》这套书，图文并茂地展示了天津市政一甲子的发展历程，重点反映了改革开放以来市政公路建设取得的辉煌成就。追忆跨过的历史脚步，目的是激励来者。让我们踏着前驱的脚印，继续前行，为进一步完善城市功能、增进民生福祉做出新的更大贡献！

胡晓枕

二〇一六年六月

目录

CONTENTS

本时期概述

INTRODUCTORY

1978 年党的十一届三中全会以后，随着工作重点转移，市政公路建设进入到一个新的历史阶段。城市发展，基础设施须先行。天津市委、市政府把市政公路建设与发展作为不断完善城市基础设施、满足经济发展需求和改善民生的大事来抓，不断加快建设步伐，扭转了城市基础设施长期滞后的局面，市政公路建设进入新的历史阶段，城市基础设施发生了巨大变化，取得了令人瞩目的成就，较好地适应了社会经济发展对道路交通和城市环境的需求。

1978—2006 年，天津市市政工程局是市政府主管全市城市道路、桥梁、排水管道、排水泵站、污水处理厂、市区防洪堤坝、地下铁路及公路等市政设施的职能部门。1978 年 8 月，市政工程局将市区园林绿化业务划归新成立的市园林管理局。改革开放以来，城市基础设施建设体制不断变革，市政工程局所属一些单位相继划归其他部门，原来负责的一些城市基础设施建设项目也相应随之转移。

2007 年 1 月，天津市委、市政府决定组建天津市市政公路管理局，撤销市政工程局（市政工程总公司）。2009 年，天津市委、市政府明确：市政公路管理局为主管全市市政道桥、公路（含高速公路）管理工作的具有行政职能的市政府直属专业管理局，其主要职责包括：

贯彻执行有关市政道桥、公路管理的法律、法规、规章和方针政策，起草相关地方性法规、规章草案和规范性文件并组织实施；拟订市政道桥、公路专项规划和近期建设计划；制订市政道桥、公路基础设施养护、维修计划；会同市财政局制订并下达市政道桥、公路养护维修资金计划，负责资金的安排和管理；负责已接收管理的道桥、公路范围内地下管网施工的协调管理；组织实施市政道桥、公路的养护及大中维修项目；负责对全市市政道桥、公路设施状况进行检测评定，并对运行服务进行监督考核；负责市政道桥、公路设施的综合统计工作。参与市政道桥、公路建设市场的管理；承担道路、公路运行设施执法监督的相关工作；负责有关行政复议工作；负责市政道桥、公路设施命名申报工作；负责市政道桥、公路养护维修工程的质量和安全监督；拟订市政道桥、公路设施有关收费标准；负责高速公路联网收费的管理；编制修订养护工程定额；组织推动市政道桥、公路养护维修技术发展。拟订行业技术标准及规范，组织科技攻关，推广科技成果；组织实施信息化建设工作；负责市政道桥、公路基础设施管理；负责市政道桥、公路养护管理；指导推动市政道桥、公路养护专业技能培训工作；配合有关部门负责专业人员技术资格评审工作；指导有关行业协会、学会工作；承办市委、市政府交办的其他事项。

THE

FIRST

CHAPTER

第一章

市政公路建设规划

TIANJIN MUNICIPAL

MEMORY

天 津 市 政 记 忆

一、1982 年制订《天津市城市规划总体纲要(1982—2000 年)》

其中内外交通规划提出：城市道路分主、次干道，形成内、外环线和 18 条放射线为骨干的城市交通路网，主、次干道总长 711 公里。市区通向外埠的公路共 15 条：一级公路 8 条，二级公路 7 条。

二、1986 年制订《天津市城市总体规划方案（1985—2000 年）》，并经国务院批准

该规划提出天津城市的发展方向是：调整和改造天津市区；重点开发建设海河下游和滨海地区；配套建设近郊卫星城；积极扶植远郊县镇。城市布局采取“一条扁担挑两头”的构思，以海河为轴线、天津市区为中心、包括塘沽和海河下游工业区形成城市主体，与周围的滨海城镇、近郊卫星城、五个县城和建制镇，以及重点乡镇组成多层次的群星拱月式的城镇网络体系。

市区道路交通规划提出：市区道路网由主干道的 3 个环线和东南、西北 2 个半环线以及 14 条放射线构成环形放射路网系统的骨架，联系市区内各综合分区和功能分区，承担市区的主要交通量。此外，116 条次干道作为主干道的辅助线，共同组成市区城市干道网。主次干道总长度为 800 公里，面积 3000 万平方米，干道密度为 2.4 公里 / 平方公里。

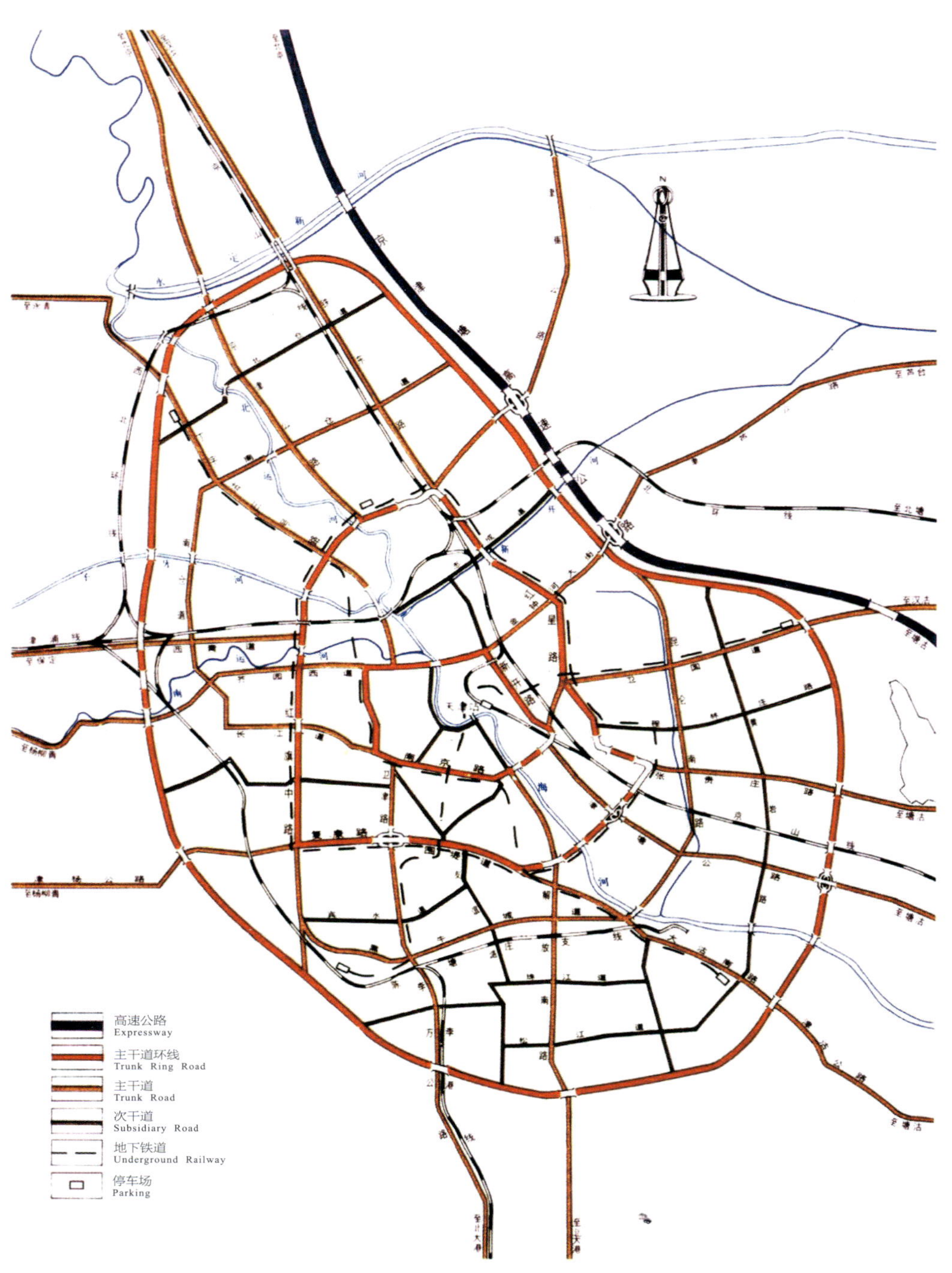

▲ 1986 年天津市区干道系统规划图（1985—2000 年）

公路规划提出：以国道和市级干道为骨架，重点建设滨海地区公路 2 条；以市区为中心，向外放射出口道路 18 条；开辟市区外围公路环线，方便过境交通；以各县城为中心，形成各县对外交通系统。到 2000 年，天津公路总里程将达 5141.5 公里，公路网密度为 46.9 公里 / 百平方公里。

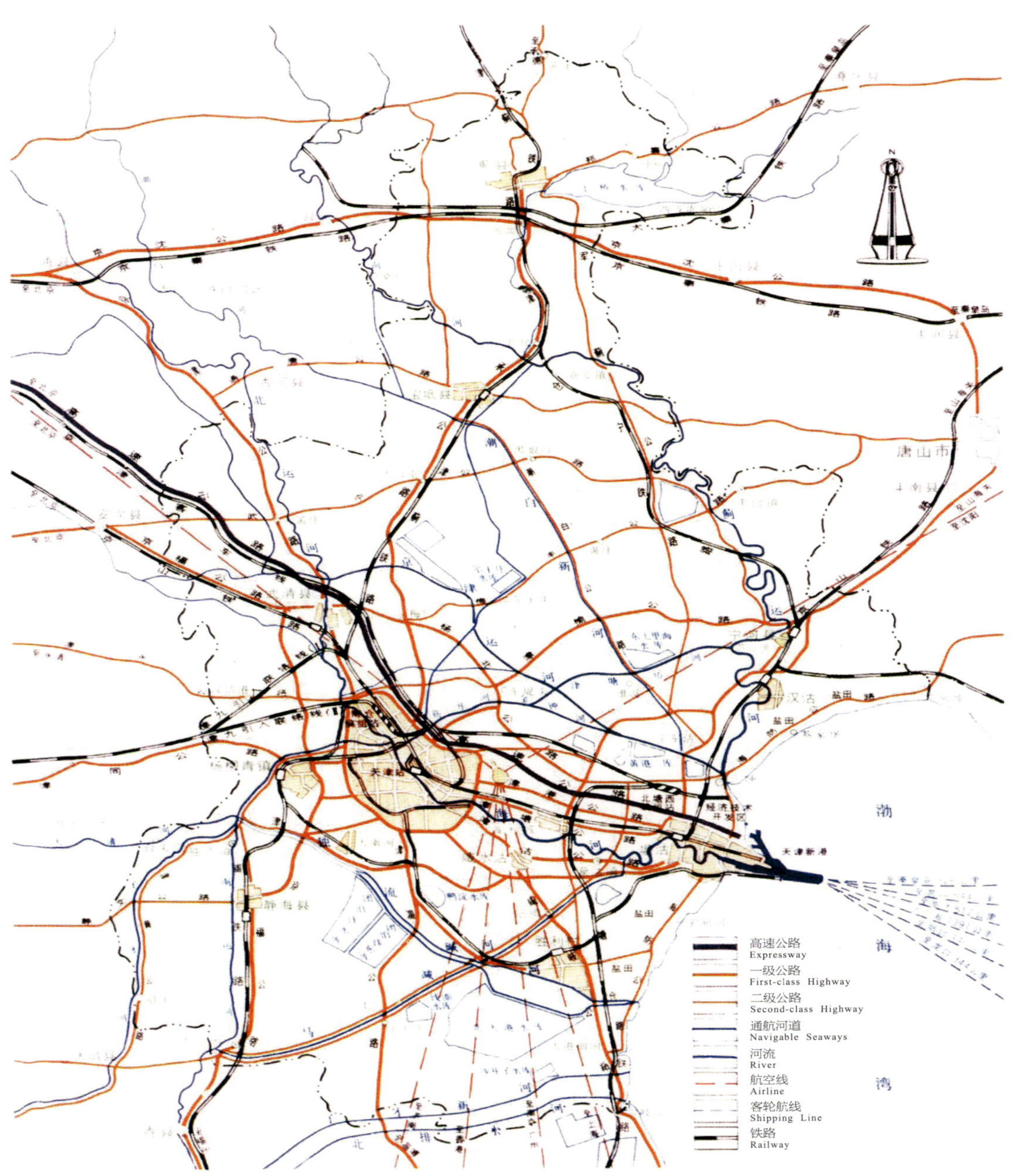

▲ 1986 年天津市对外交通规划图（1985—2000 年）

市区排水规划提出：逐步建成城乡协调的统一排水系统，完善城市管网，消除空白区，改善低洼地区雨季积水问题。排水设施以雨污分流为主。污水仍以六大排水系统进行排放，利用外环河，排除新发展的外围区附近的雨水。新区和卫星城镇，采用雨污分流制。市区六大排水系统各建污水处理厂一座，卫星城镇分别修建污水处理厂。到 2000 年，市区污水管网普及率达到 80%，雨水管网普及率达到 70%，污水处理率达到 90%。

▲ 1986 年天津市区排水系统规划图（1985—2000 年）

三、《天津市 1991—2020 年公路网规划》1996 年 3 月获市政府审批通过

该规划提出公路网规划的战略目标是：提高路网密度，实现全市公路网密度达到 100 公里 / 万公顷以上；提高干线公路等级，普遍达到高等级公路的技术水平，使高速公路密度达到 1 公里 / 万公顷以上，相当于发达国家的平均水平；中心市区与各区县之间，均有高速公路相通，汽车 1 小时内均可到达。规划提出以“一带、二环、三纵、四横”为骨架的干线公路网布局，里程为 2467 公里，公路网规划总里程 1.24 万公里。1996 年在天津市城市总体规划修编过程中，对 30 年路网规划做了局部调整。到 2020 年形成“二环、三纵、四横、四条重要路段”的公路干线网主骨架规划布局。从市中心到各区县，汽车 1 小时可到达。规划公路网总里程 12360 公里，干线公路网由 10 条国道和 50 条市级干线组成，总里程为 2752 公里，其中高速公路 807 公里，一级公路 1115 公里，二级公路 830 公里。

2001 年，天津干线公路网规划（2001—2020 年）进行调整，提出：形成以围绕中心城区的“一环、七射、四主”高速公路网为主骨架的干线公路网络。规划公路网总里程为 15000 公里。其中：干线公路 3237 公里，高速公路 862 公里。与原 30 年路网规划相比，调整后的规划突出了高速公路网的独立性。

▲ 天津市干线公路网规划图（按行政等级划分）

四、天津市高速公路网“3 3 10”规划 2005 年出台

2004 年，交通部颁布《国家高速公路网规划》，规划的路网布局中有 5 条国家高速公路经过天津。同年，交通部对环渤海地区现代化公路水路交通基础设施规划进行了修订，涉及天津高速公路与周边地区的衔接。

2005 年，对天津市“高速公路网规划”作滚动调整，规划提出：构筑“以中心城区和滨海新区（含港口）为双核心，辐射‘三北’腹地，沟通华东、华南，连接周边大中城市、交通枢纽，通达市域新城，覆盖重要的中心镇、旅游景点、开发区”的高速公路网络，为形成市域内的“1 小时市域快速圈”、京津冀都市圈一体化发展的“3 小时都市经济圈”和服务环渤海区域经济发展的“8 小时腹地服务圈”提供保障。规划方案主要由 3 条过境主通道、3 条京津城际高速公路通道、10 条中心城区和滨海新区的放射线组成，简称“3 3 10”，总计 1200 公里，密度为 10 公里 / 万公顷。规划布局方案纳入 2006 年经国务院批复的《天津市城市总体规划（2005—2020 年）》。

自 2008 年起，市政公路管理局依据市委、市政府赋予的职责，按照市重点规划编制工作指挥部的安排，先后编制完成了多项市政公路专项规划，并报经市政府批准。

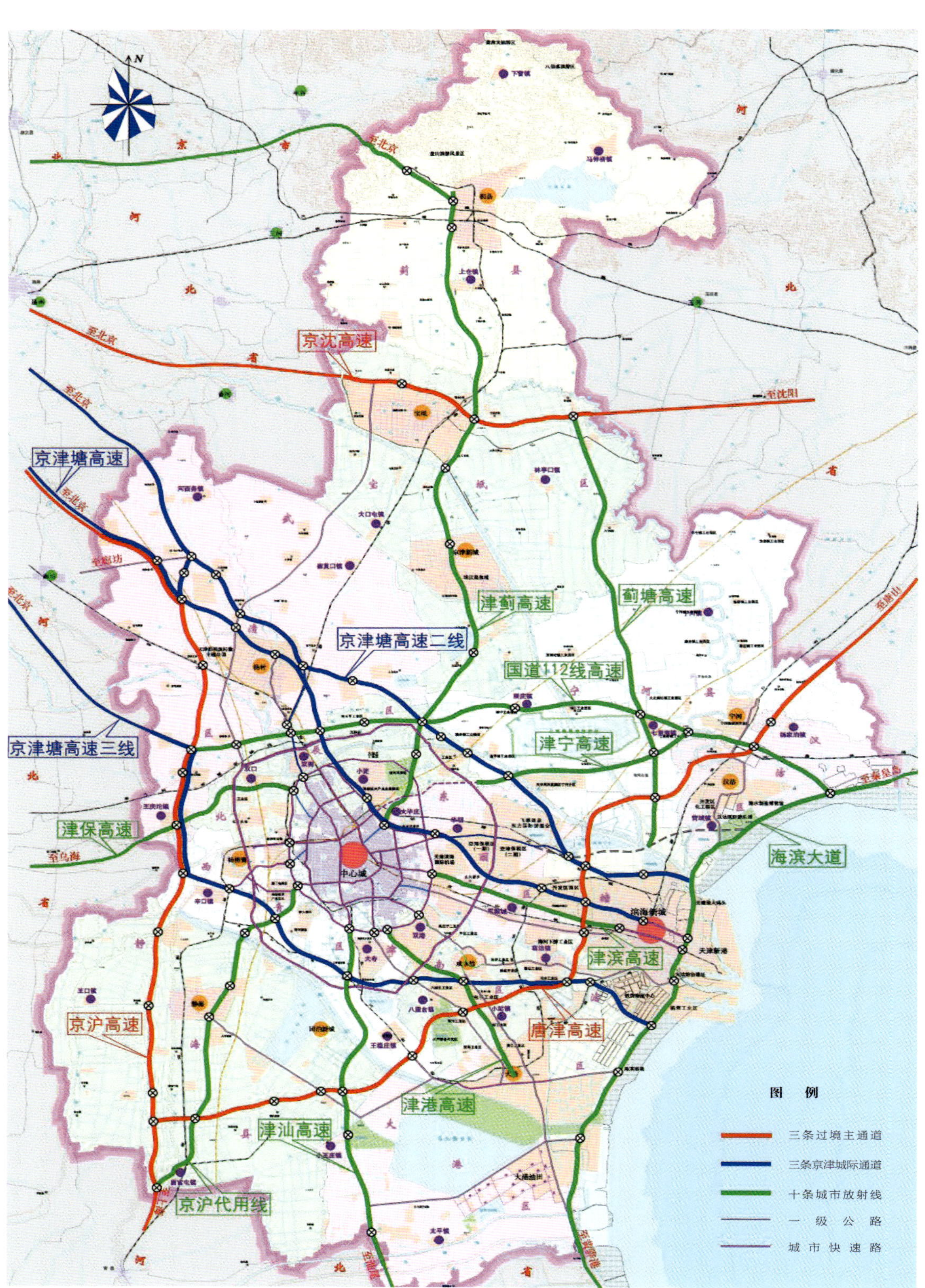

▲ 天津市高速公路网规划示意图

五、《天津市排水专项规划》（2008—2020年）完成

2009年4月获市政府批复。该规划在范围上首次突破中心城区，扩展到全市域，实现了统筹规划；首次将污泥处置纳入规划；在规划中贯彻了环保、生态、节约和充分利用水资源、节约集约用地等理念，并引入了污水处理技术、污泥处置技术新成果，体现了规划理念与技术的创新。

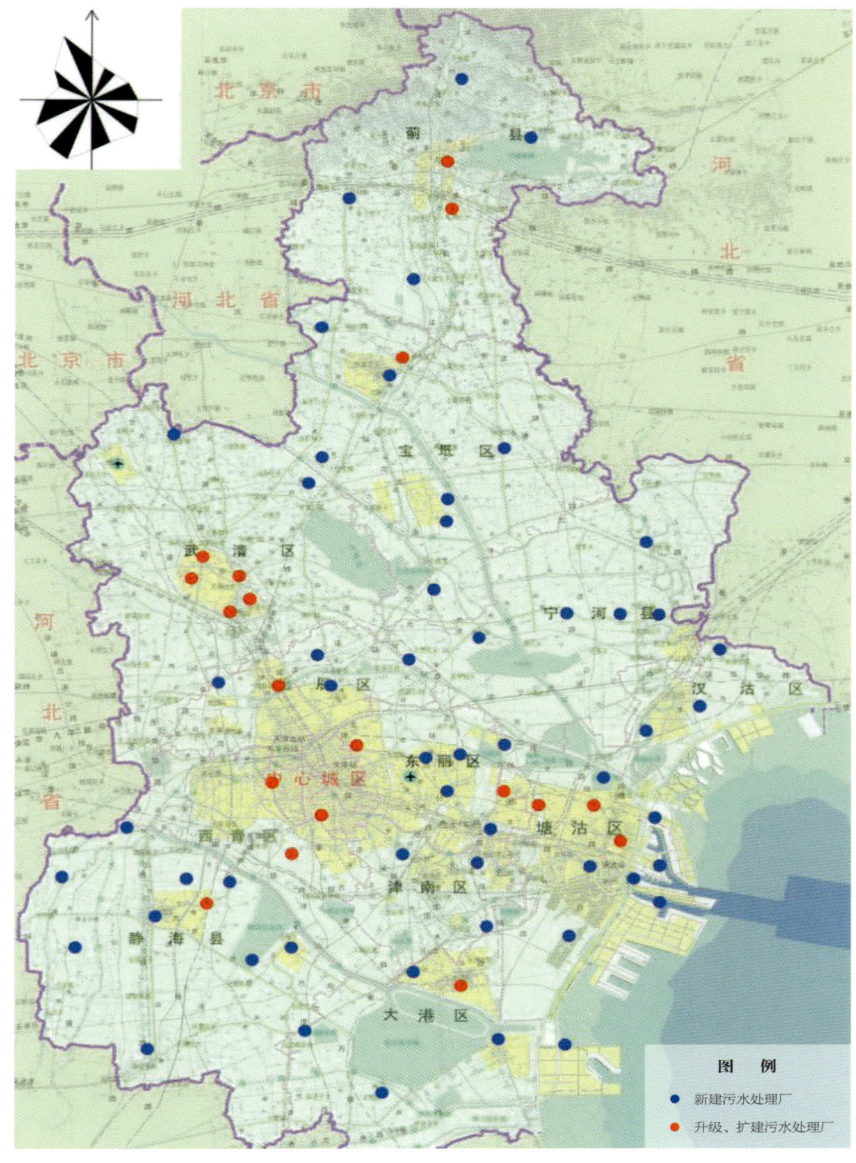

▲ 天津市市域污水处理厂布局图（2008—2020年）

六、《天津市中心城区人行过街设施规划(2009—2020年)》完成

2011年10月获市政府批复。该规划是天津市第一部针对解决人行过街问题而编制的规划，规划坚持“以人为本”的原则，以人车分离、步行安全和交通高效为目标，规划了良好有序、宽松高效的城市人行过街设施系统。规划到2020年，中心城区共建设立体过街设施204座。

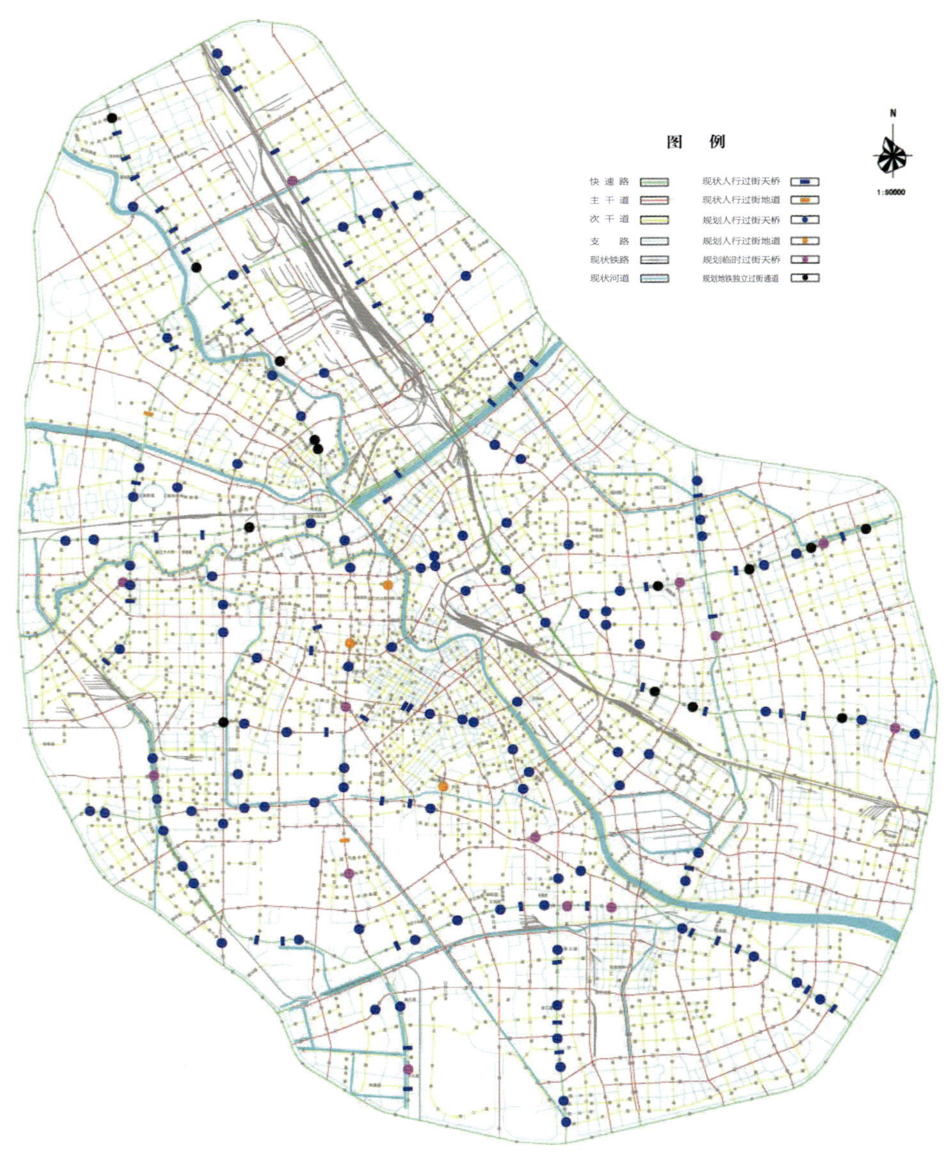

▲ 天津市中心城区立体过街设施规划布局图

七、《天津市省级公路网规划（2012—2030年）》完成

2014年12月获市政府批复。规划重点构建与京冀互联互通、通达全国的公路网络，实现区域交通一体化；建设畅通高效的海空港集疏运公路体系，提升综合运输效能，发挥海空两港核心战略资源优势；打造与市域空间发展相匹配的公路网格局，形成中心辐射区县、区县彼此连通、功能区通行便利、乡镇全面覆盖的公路体系。

根据规划，经由天津市的国家公路和全市省级公路规划总里程达5240公里。其中国家高速公路天津段与省级高速公路共同形成“9横6纵5条联络线”的高速公路网，总里程1660公里；普通国道天津段与普通省道共同形成“32横18纵”的普通国省道网，总里程3580公里。

规划到2020年，天津市将基本建成布局合理、规模适当、衔接顺畅、集约环保的公路交通体系。按照功能分类，高速公路将实现“138”快速通达目标，即京津之间1小时内通达，3小时内到达河北省主要城市，8小时内到达环渤海主要城市，本市各区县均有高速公路便捷联系周边相邻城市。普通国省道提供普遍性、全天候通行服务，实现一级公路便捷通达全市各区县、主要功能区、交通枢纽，二级公路覆盖全部乡镇，各区县至少有一条一级公路便捷联系周边相邻城市。一般乡镇及以上节点通过普通公路15分钟可上高速公路。

到2030年，全面建成与天津市经济社会发展相适应、与公众出行需求相适应的公路交通体系，公路、铁路、港口、机场形成分工协作、有机结合、联系顺畅、布局合理的综合交通运输体系。

▲ 天津市普通国省道网规划图（2030 年）

▲ 天津市高速公路网规划图（2030 年）

八、天津市中心城区快速路系统规划

为适应城市地面交通快速增长的需要，自 2002 年起，天津市逐步实施中心城区快速路网系统工程建设。2003 年规划的快速路系统为“4 个 2”，即中心城区形成“两环、两横、两纵、两条联络线”为主骨架的环放式路网。

两环：一是快速内环，由昆仑路、黑牛城道、密云路、南仓道、原外环东路部分等道路组成；二是快速外环，由外环线津榆立交至津汉立交段、外环线东北部调线工程组成。

北横通道：由西青道、志成道组成。

南横通道：由复康路、吴家窑大街、琼州道、卫国道等道路组成。

西纵通道：由京津路、河北大街、南门外大街、卫津路、卫津南路等道路组成。

东纵通道：由铁东路、新阔路（新泰路）、张贵庄路等道路组成。

两条联络线：一是大沽南路，由围堤道至外环线；二是解放南路，由琼州道至外环线。

2009 年深化完善中心城区快速路网，促进中心城区及外围地区一体化发展，通过“路网完善、系统挖潜、综合协调”等方案，将南横西纵中段降级为主干路，形成“两环、十字、放射线”，总长 200 公里的快速路格局。

两环：快速外环（76 公里）和快速内环（50 公里）。

十字：西青道—志成道，铁东路—万柳村大街—津滨大道，共 38 公里。

放射线：京津路、卫国道、大沽南路、解放南路、卫津南路、复康路，共 6 条，总长 37 公里。

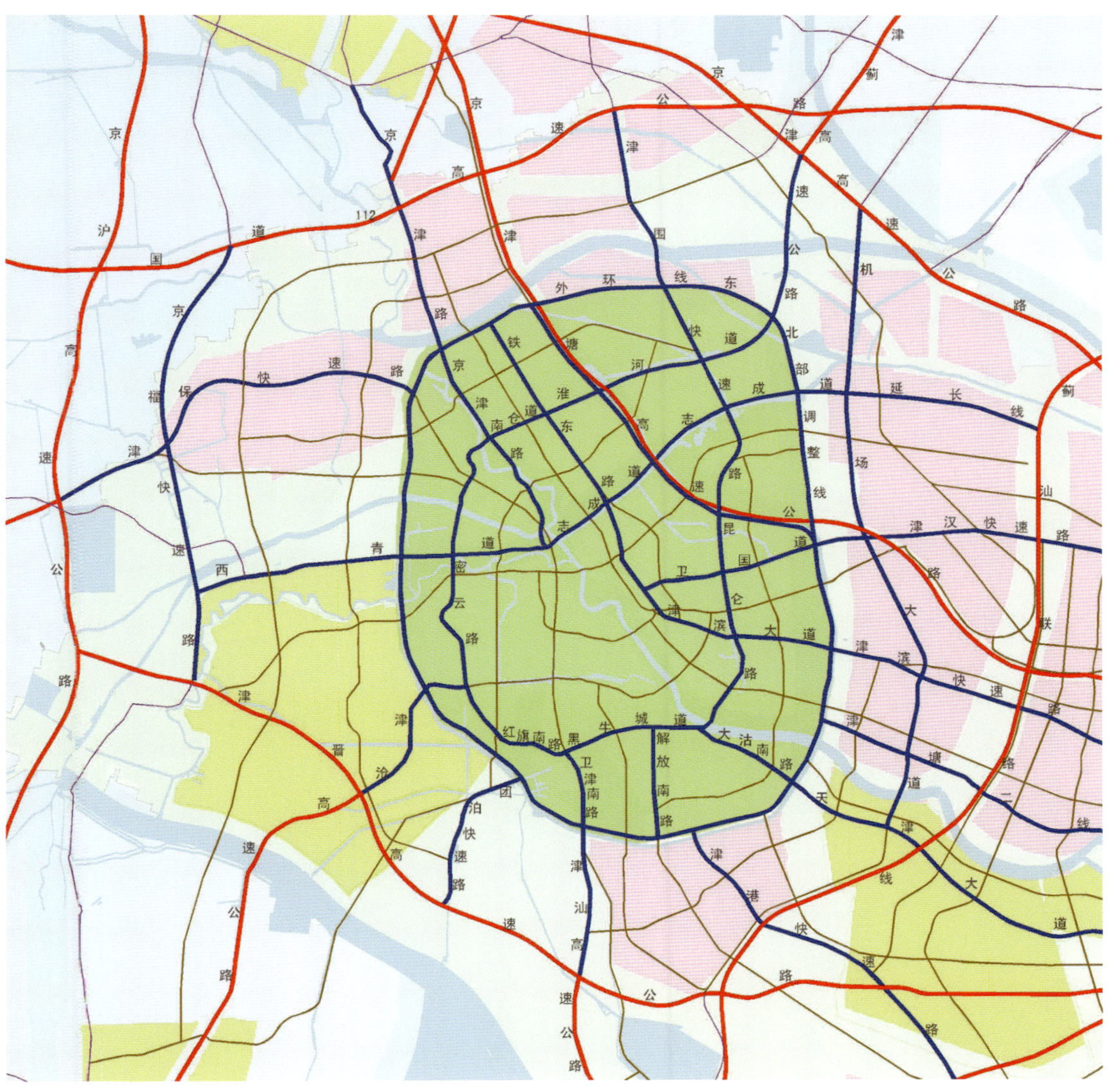

▲ 天津市中心城区快速路系统规划图

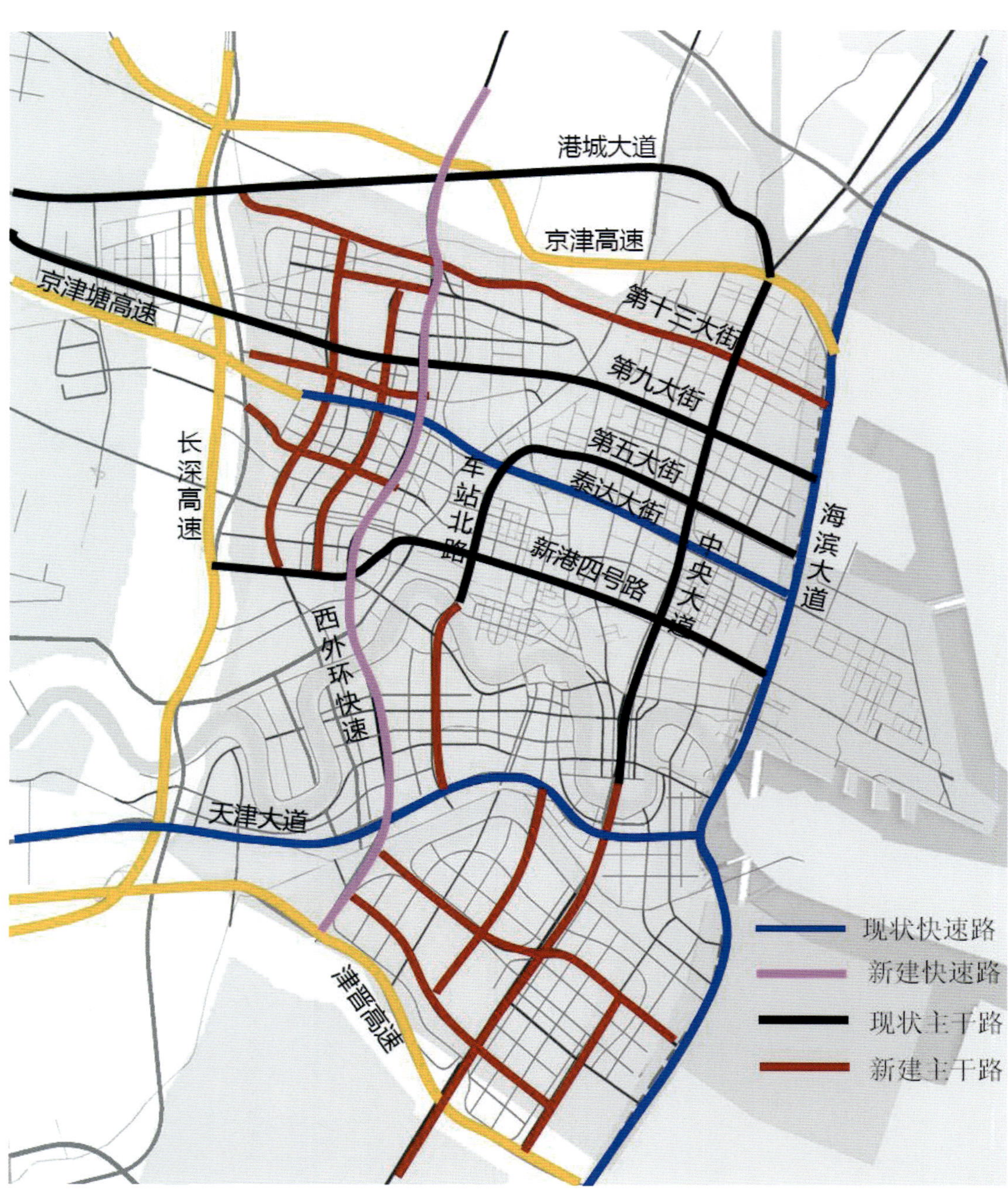

▲ 天津市滨海新区核心区骨架道路网规划图

九、天津市轨道交通规划

2001 年，编制了《天津市中心城区快速轨道交通线网规划》，2003 年对规划进行了修编，2009 年经市政府常务会原则通过。

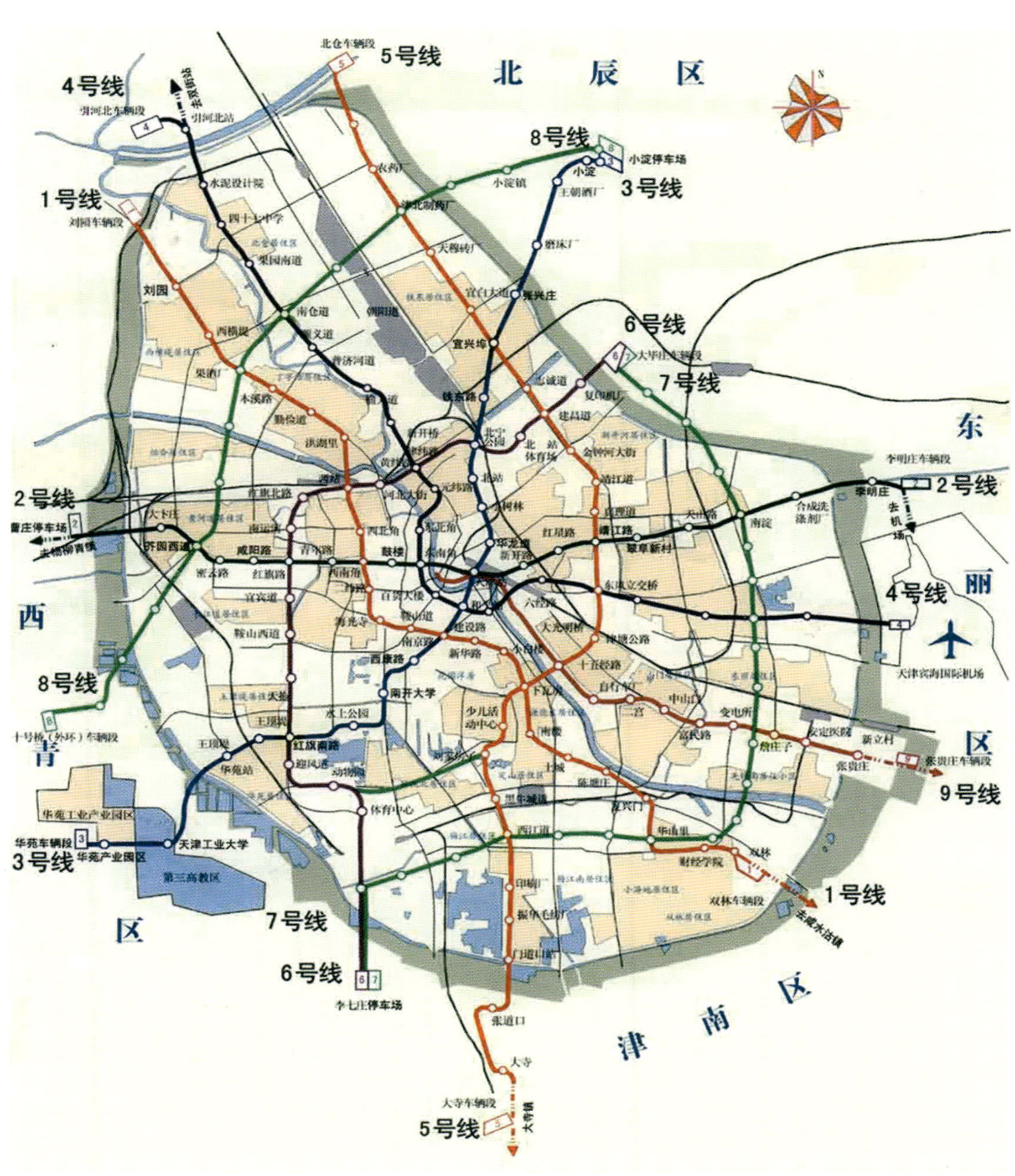

▲ 天津市快速轨道交通线网规划图

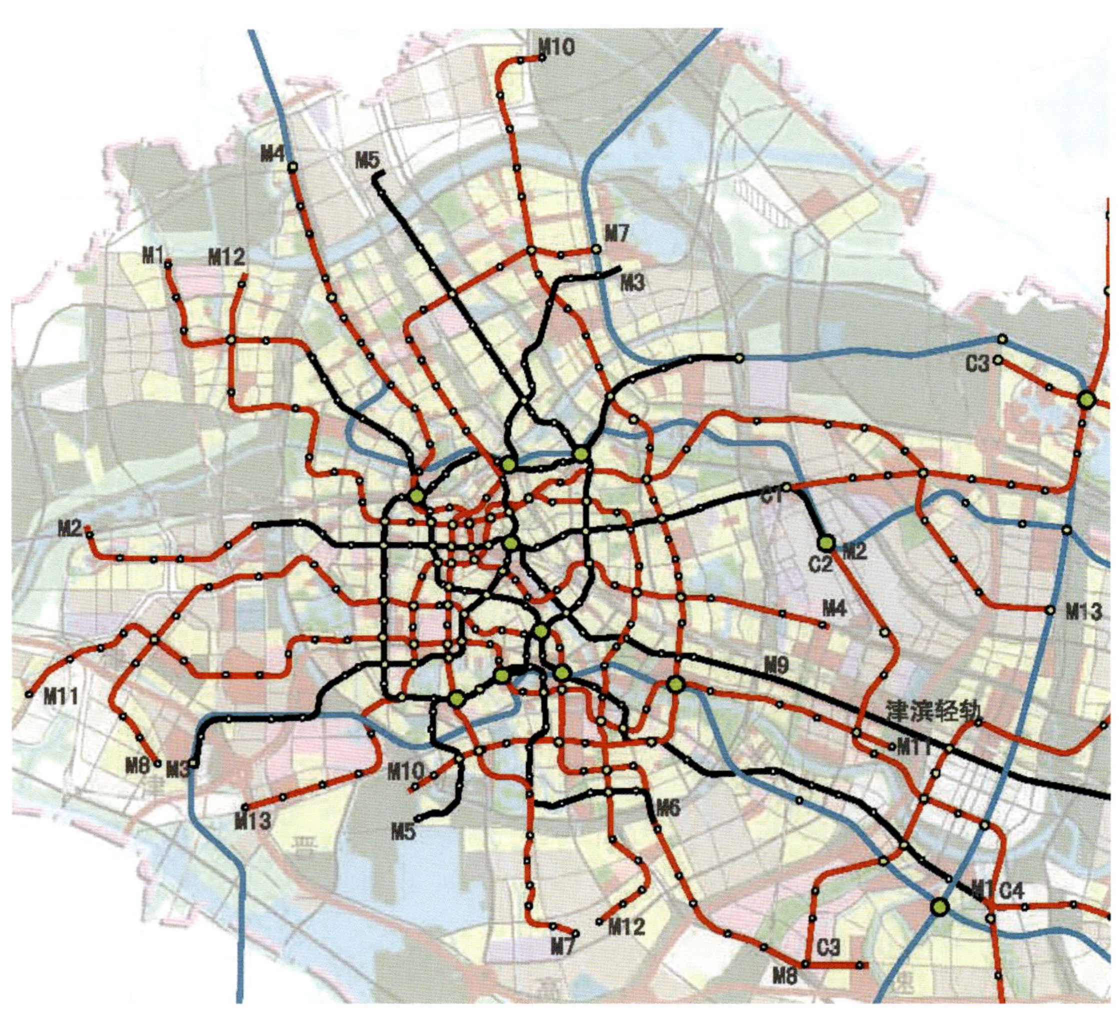

▲ 天津轨道交通远景规划图

THE
SECOND
CHAPTER

第二章

城市道桥规划建设从局部改善到系统改造：城市路网建设全面展开

TIANJIN MUNICIPAL

MEMORY

天 津 市 政 记 忆

一、改革开放初期：城市道桥建设拉开加快发展的序幕

党的十一届三中全会以后，天津城市道桥建设迅猛发展。从 1981 年起，国务院连续三年拨专款帮助天津市进行震灾恢复和重建工作，使“六五”期间的道路工程投资增加到 2.4 亿元，修建了一大批城市道路骨干工程。

1. 新建和改造一批市区干道

1982 年将气象台南路车行道加宽至 18 米；将长江道从红旗路延长到密云路，便利了东西交通；拓宽曲阜道，由 15 米加宽至 45 米；修建了东南半环（红旗南路延长线），把红旗路从复康路向南延长 4.4 公里，宽 50 米，经黑牛城道与大沽南路相通；翻修了西马路，加宽大丰路、黄河道、解放南路、尖山路、洞庭路、丁字沽一号路、气象南路、泰安道、卫国道等 20 多条干道，把约 30 万平方米的土便道改建为花砖便道；1984 年打通鞍山西道，使红旗路两侧的工业区、住宅区增加了一条进入市中心的通道；1988 年将大胡同拓宽至 30 米，将医院路加宽至 25 米，还拓宽了围堤道、红旗北路。在体院北、小海地、天拖南、万新村等 13 个新住宅区，修建配套道路 106 条、长 90 多公里，计 147 万平方米，占全市道路总面积的 1/5。这一时期，市区道路新增长度 123 公里、面积 227 万平方米，接近解放前原有道路的总面积。

▲ 拓宽改造后的曲阜道

▲ 拓宽改造后的泰安道

▶ 拓宽改造后的解放南路

▶ 尖山居住区

◀ 打通鞍山西道道路

▲ 拓宽改造后的黄河道

▲ 拓宽改造后的丁字沽一号路

► 延长后的红旗南路（东南半环）

▲ 为体院北等新住宅区修建配套道路

◄ 1987 年河北大街拓宽整修

2. 着手解决过铁路难、过河难问题，新建一批立交桥和跨河桥梁

1) 光华桥

1977 年建成。原为 1966 年建成的四新浮桥，1977 年拆除。光华桥长 141.08 米，分 4 孔，跨径为(29+62+29)米 +17.77 米，是当时海河上跨径最大的桥。桥的结构与狮子林桥、北安桥基本相同，上部为预应力钢筋混凝土简支单悬臂箱形梁，中孔带吊梁，下部为钢筋混凝土墩、台和灌注桩基础。

▲▼ 光华桥

2) 红旗路地道

该处原为平交，1979—1980 年建成下穿式地道。结构为 3 孔钢筋混凝土箱形方涵，用顶进法施工。地道长 39.6 米，中孔为快车道，宽 16.2 米，两边孔为非机动车道和人行道，各宽 8 米。施工中试用了空气垫新工艺，使箱形方涵顶进时摩擦力减少。

▲ 红旗路地道

▲ 赤峰桥

3) 赤峰桥

海河上桥梁。1981 年建成，长 106.5 米、宽 15.5 米，共 7 孔，中间 5 孔跨径各 16 米，两边跨跨径各 13 米，为先张预应力空心简支板梁桥。该桥建成后，当年高峰小时的机动车流量为 388 辆，减轻了附近解放桥的负担。

4) 天津第一座跨越公路、铁路的分离式立交——十一经路立交桥建成

1982 年 11 月建成通车。由主桥、引桥和引路三部分组成，全长 712 米，主桥上部结构为三跨预应力混凝土箱形连续梁，中孔跨度 32 米，两边孔各长 30 米。该桥是当时国内跨越铁路的最大

立交桥之一，结构新颖，工艺复杂——大跨度、长悬臂、弯桥身、带坡度，给设计和施工带来很多困难，承担设计施工的天津市政工程勘测设计院和天津市政一公司、三公司参建职工为此付出了艰辛的劳动。为了保证主桥施工不影响铁路交通，采取先简支后连续的施工工艺，先将主桥三跨预制的简支梁吊装就位在临时支座上，然后浇筑钢筋混凝土连接，张拉预应力钢丝束，撤去临时支座，实现体系转换，形成连续梁结构体系。安装长 32 米、重 180 吨的主桥大梁，是施工中的关键，通过发挥集体智慧，采取“土洋结合”的办法，在铁路不断行的条件下吊装成功。这在天津桥梁建设史上是没有先例的，该安装工艺的研究和实施获 1982 年度天津市优秀科技成果二等奖。这项工程做到了当年设计、当年拆迁、当年施工、当年建成，工期仅为 7 个月，实现了高速度、高质量。工程荣获 1983 年国家优质工程银质奖、城乡建设部优秀设计二等奖。十一经路立交桥的建成，解决了唐口地道拥堵严重过铁路难问题。老市长李瑞环在通车典礼讲话中说：“展现在我们面前的这座大桥，犹如一道钢筋混凝土的长虹，雄伟壮丽地耸立在海河之滨。从今天起，它将世世代代地服务于生产，造福人民，为天津市繁荣做出贡献。”2008 年该桥进行改造，成为快速路系统重要组成部分。

▼ 十一经路立交上跨京山铁路大梁

▲ 十一经路立交桥

▲ 十一经路立交人行梯道

5) 新建海河广场桥

1982年建成。原为1971年修建的柔索桥，1976年拆除。新建桥长102.9米、宽15.6米，为预应力混凝土悬臂箱形梁中孔吊梁桥，4孔，跨径分别为17.5米、21.5米、40米和21.5米。

▲ 广场桥

▲ 大光明渡口

▲ 大光明浮桥

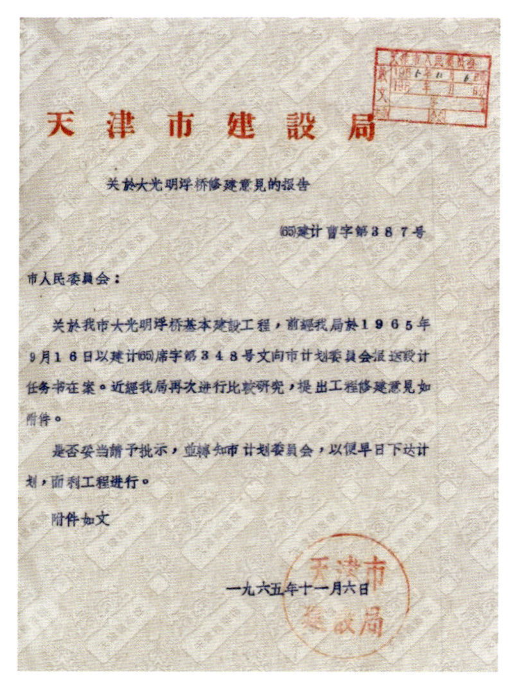

天 津 市 建 設 局

关於大光明浮桥修建意見的报告

(65)建计冒字第387号

市人民委員会：

关於我市大光明浮桥基本建設工程，前經我局於1965年9月16日以建计(65)席字第348号文向市计划委員会报送設计任务书在案。近經我局再次进行比较研究，提出工程修建意見如附件。

是否妥当請予批示，並轉知市计划委員会，以便早日下达计划，而利工程进行。

附件如文

一九六五年十一月六日

天津市建設局

▲ 天津市建设局关于大光明浮桥修建意见的报告

6) 新建海河大光明桥

原为大光明渡口，始建于 1900 年，时称俄国花园渡口。1939 年日本侵略军封锁租界，渡口停渡。1949 年恢复渡口，设机船摆渡。1959 年共有 9 只机船，每天渡客 3 万，节日高峰达到 6 万。冬天海河结冰，渡口船工们把渡船连接起来搭成浮桥，供行人通过。历届市人民代表大会均有提案，要求将渡口改为桥梁，但因海河综合利用规划未定，迟迟未建。1980 年曾设临时浮桥，以应急需。

大光明桥 1983 年竣工通车。桥长 440 米，主桥长 113.6 米，分 3 孔，中孔跨径 53 米，两边跨各 28.5 米，桥宽 30.5 米。上部结构为预应力钢筋混凝土单悬臂箱形梁，下部结构为重力式桥墩和高桩承台式桥台及钻孔灌注桩基础。为方便交通，桥西与台儿庄路设计成立体交叉，以利沿河交通，并设南、北匝道桥各一座，专供自行车上下桥使用。在大光明影院门口建地下人行甬道，便于影院观众集散。2008 年，海河综合开发改造中对该桥进行了整修改造。

◀▼ 大光明桥

7) 解放以来新建市区第一座栓焊结构钢桥——新红桥

1984 年建成。新红桥结构长度 250.73 米，其中主桥长 161.54 米，宽 30.5 米，主跨 87 米，桥的中心线与河道中心线呈 45° 角，是当时市区跨度和斜度最大的桥。上部结构为双孔连续钢板梁，下部结构为钢筋混凝土墩、台及灌注桩基础。施工时先将部分钢梁在厂内焊接成部件，再在现场用高强螺栓连接。桥的两侧设阶梯 4 座，便于行人上下桥。

▲▼ 新红桥

二、全面实施“三环十四射”城市干道系统建设

1. 市政府做出《关于综合治理城市交通的决定》，成立市道路工程指挥部，开始大规模的城市道路路网建设

新中国成立以来，天津城市道路建设一直处于局部改造和完善的阶段，虽已建成一批基本上能起干线作用的道路，但这些道路除南京路和西青道较宽外，都与主干路的规划宽度相距甚远，缺乏系统、整体的规划改造，没有形成城市道路骨架，国民经济的快速发展与城市道路运力不足的矛盾始终没有得到根本性的解决。

20 世纪 80 年代以后，随着天津经济社会的快速发展，市区道路通行能力不足的矛盾日益突出，对外开放政策的实施，也要求改善城市基础设施。三十多年来，全市工业生产总值增长了 32 倍，机动车数量增加 45 倍，自行车数量增长 30 倍，而道路面积仅增长 2 倍多，结果市区出现一大怪，即“汽车没有自行车跑得快”。全市路口堵塞达 122 处，机动车时速不足 10 公里每小时，如建立交桥之前的八里台路口，高峰时自行车流量为 16611 辆 / 小时，时常出现 200 米以上的压车，途经此地，群众无不牢骚满腹。道路成了制约城市经济和社会发展的瓶颈。

▲ 道路上的汽车、自行车流

1985 年 8 月，天津市人民政府根据城市总体规划，做出《关于综合治理城市交通的决定》（简称《决定》）。《决定》提出：建设完善的道路系统，是综合治理天津城市交通的首要条件，要充分发挥现有道路的功能与积极改造、新建道路工程相结合，以改善道路布局。《决定》要求从 1985 年起，进行主干路系统建设，尽快形成环形放射状干道系统（即“三环十四射”）。干道系统主要由内、中、外三条环线和东南、西北两个半环，以及 14 条放射形干线组成。环线和与之相交的放射干线为主干道，是全市交通的大动脉。内环线主要担负市中心客运交通，并沟通市内六个区之间的交通联系；中环线主要担负全市性的客货运混行交通，减少穿越市中心区的车辆；外环线主要担负货运交通，并疏导过境交通；放射形干道沟通 3 条环线，贯通四面八方，并为市区通往郊县的出口道路。在市长李瑞环、市政府顾问毛昌五的直接领导下，组成市道路工程指挥部，由市市政工程局局长胡晓槐任指挥，市建委主任刘玉麟任副指挥，对“三环十四射”建设实行统一计划和施工调度。从 1985 年开始，按照城市总体规划和《决定》精神，天津市开展了大规模的城市道路骨架建设工程。

▲ 唐家口地道高峰时拥堵状况

天津市人民政府文件

津政发〔1985〕141 号

天津市人民政府关于综合治理城市交通的决定

（一九八五年八月七日）

城市交通是城市总体建设的有机组成部分，它是城市的基础设施之一，是提高城市综合功能的一项基本条件，是关系到城市社会经济发展的一个重大问题。根据《天津市城市总体规划方案》所确定的我市城市性质、规模、布局等的要求，针对我市城市交通的实际情况，特作本决定。

主要矛盾、治理方针和战略目标

近年来，为了改善城市交通，我市在道路建设、交通管理等方面采取了一系列新措施，取得了一定的成效。但由于多方面的原因，我市城市交通道路堵塞严重，秩序混乱，车速下降，事故增多

a)

天津市人民政府文件

津政发〔1985〕6 号

关于成立天津市道路工程指挥部的通知

各区、县人民政府，各委、局、各直属单位：

为集中力量，统一组织实施中环线道路改造工程任务，尽快改善我市交通拥挤状况，市人民政府决定成立天津市道路工程指挥部。指挥部成员如下：

指　挥：胡晓槐（市政工程局）

副指挥：刘玉麟（市建委）

马　容（市规划局）

史平顺（市公安局）

高仲林（市房管局）

成　员：高宝华（红桥区政府）

— 1 —

b)

▲ 天津市人民政府文件

◀ 天津市市区干道图

2. 综合治理城市交通的第一步，系统改造旧市区道路的第一项大型工程——中环线工程

中环线总长 34.49 公里，路面全宽 50 米，路面设计西半环为三块板，东半环为四块板。1985 年 1 月开工，当年上半年完成西半环，1986 年上半年完成东半环，7 月 1 日全线竣工通车。

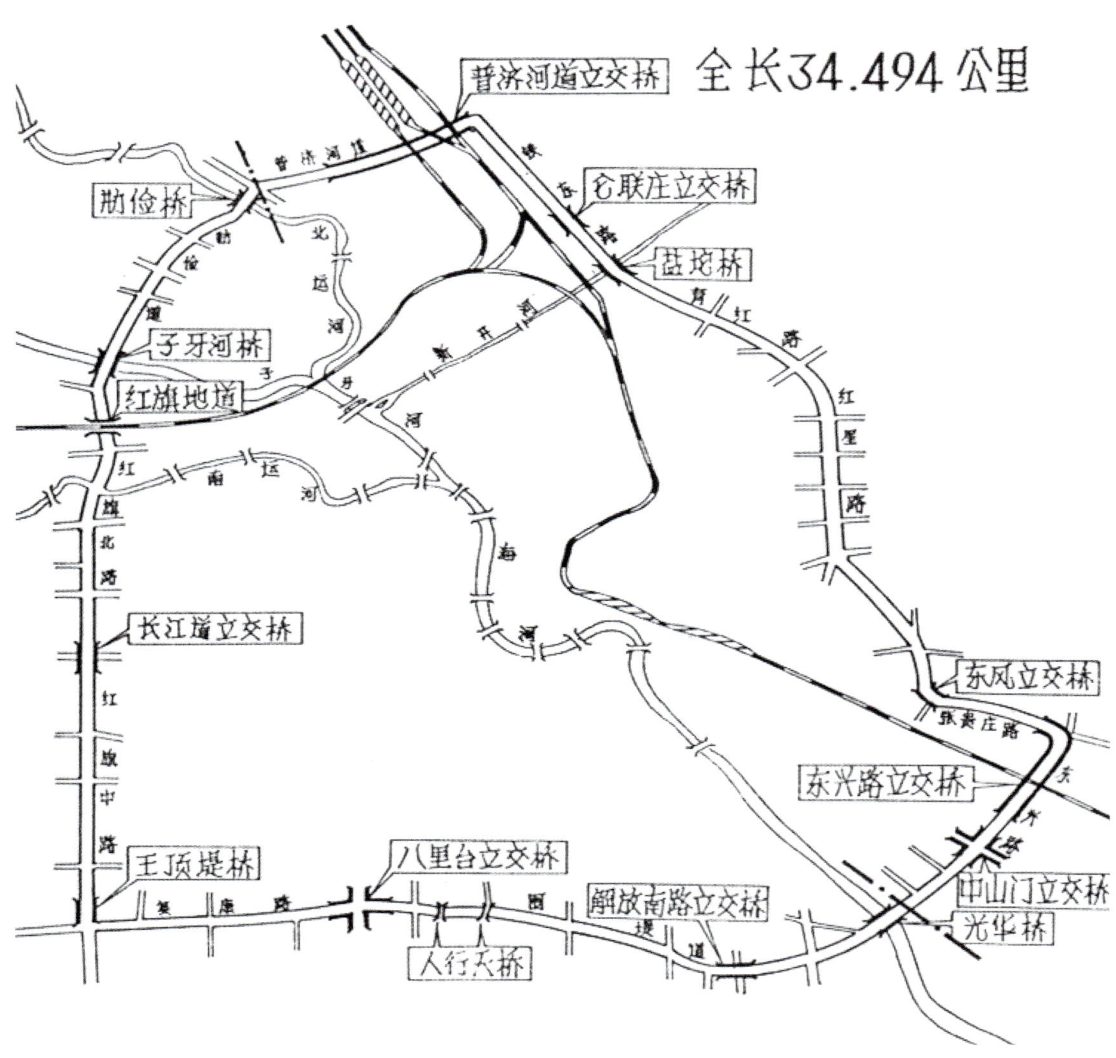

▲ 中环线改造工程示意图

中环线工程的规模在天津道路建设史上是空前的。市政工程投资为3.2亿元，拆迁费0.98亿元。主要工程量包括：修建道路140.78万平方米；新建过河桥梁7座、立交桥8座和人行天桥2座，合计桥梁面积10.8万平方米；修建排水管道74公里，泵站5座，还有其他配套工程。中环线工程中的道路、桥梁、排水等主体工程的设计施工由市市政工程局承担，自来水、煤气管道及电力、电信、路灯、交通信号、园林绿化等配套工程，分别由市公用局和电信、电业、公安、园林等部门负责。中环线工程设计获1986年城乡建设部优秀设计一等奖、1987年国家优秀设计金质奖和市级优秀设计一等奖，施工质量获国家优质工程银质奖。

中环线是一项工程量大、设计施工技术复杂、拆迁任务重、涉及面广的工程，实施起来难度很大。首先是拆迁，沿线需要拆各种建筑21万平方米，涉及沿线386个单位和3983户居民住房的搬迁安置问题；其次，施工难度也很大。如东半环有7公里长的一段是城防河和张贵庄明沟，须清淤、填垫后才能修路；中山门立交桥全部为曲线，要求用万余个测点来控制各个部位的线形和高程，精密度要求很高；普济河道立交桥，长千米，跨越京山铁路南仓编组站16股铁道，需架设3跨共33片长35米、重63吨的预应力钢筋混凝土T形梁，而在施工中又不能影响火车编组。

中环线拆迁由于宣传工作做得扎实、政策明确、领导有力、措施具体、群众认可，结果创出了奇迹，西半环仅用了18天就全部完成拆迁任务，东半环也只用了12天即完成。中环线从定方案开始，市领导就再三强调，要注意质量，高标准、严要求，加强管理，文明施工。市政工程局为了使中环线打出新水平，坚持以下“三个统一”：

一是坚持高速度与高质量的统一。按科学组织施工，改进施工工艺，提高机械化水平。修建几座立交桥时，采取了“时间不断，空间占满，立体交叉，责任到人”的方法，如八里台立交桥，在施工中组成混凝土浇筑、钢筋成型、T型梁吊装三条机械化施工流水线；解放南路立交，采取地下、地上、空中三层施工面流水作业，打桩、压桩、灌注桩同时进行，主桥、引桥、匝道桥同时开工，对提高施工速度起到明显作用。在道路施工方面，采用振动碾和自动调平沥青混凝土摊铺机等新机械，既提高了质量，又提高了效率。

二是坚持高质量、高速度和节约建设投资的统一。中环线工程实行投资包干，一次包死，盈亏自负，各单位又按施工部位层层承包。通过承包将责任、效益与个人利益直接挂钩，分配兑现，保证了工期和质量，又控制了投资。

三是坚持高质量、高速度与文明施工的统一。市政参建单位在施工中提出“为民之举少扰民”“修路人想着行路人”等口号，制订具体的文明施工措施，保证在施工期间不断水、不断电、不断交通，并保障行人的安全。如下水道开槽后设置各种护栏；道路采取半幅或四分之一幅施工；桥梁施工先修辅道，桥梁打桩少开班次，缩短工期，使周围居民少受干扰等。

改革开放前 30 年，天津市政道路建设基本上是局部改善，头痛医头、脚痛治脚。建设中环线的意义，就在于它是第一条按照城市总体规划，系统改造旧城区道路的大型市政工程。城市道路建设从局部改造到系统改造，是天津市政建设具有历史意义的一个重大转变。

中环线建设贯彻了“人民城市人民建”和综合治理、综合开发的方针，建成后取得了明显的经济效益、社会效益和环境效益，大大缓解了中心城区交通拥挤的状况，路段交通量、平均运行车速较兴建前提高了 1.7 ~ 2.8 倍。中环线改建前，因车辆拥挤，交通事故频繁。改建后，事故大为减少。中环线的建成也改善了市容，形成一条悦目骋怀、美不胜收的中环彩练，被市民群众评选为“津门十景”之一。

▲ 中环线改造工程从吴家窑大街开始启动

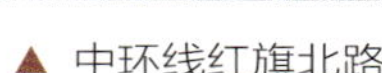

▲ 中环线红旗北路

▲ 中环线复康路

▲ 中环线建成前的吴家窑大街（八里台）

▲ 中环线建成后的吴家窑大街（佟楼）

▲ 中环线建成前的红星路及旧城防河

▲ 中环线建成后东半环红星路

▲ 中环线红旗路

1) 八里台立交桥

1985 年 7 月建成，为天津市第一座三层互通式大型立交，也是 20 世纪 80 年代中国三大立交桥之一。全桥呈苜蓿叶形，由两条立交干线和 4 条匝道组成。桥分三层，上层与中环线方向相通，长 540 米；中层与卫津路方向相通，长 80 米；地面层为非机动车和人行道。上部结构为钢筋混凝土 T 形梁和板梁结构，下部结构为钢筋混凝土柱式墩和打入桩。结构长度 1377.33 米，桥面宽 17 米。设计根据道路线形和交通工程的要求，采用一般桥梁少有的弯、坡、斜的结构形式，结构轻巧，主桥和匝道的连接处采用变宽度的异型板结构，整体性能好。桥梁照明采用地灯、带形照明和 4 座高杆灯，高杆灯高达 37.4 米，内设人梯，便于维修养护。桥下采用茶色球灯，入夜灯火辉煌，显出立交桥雄伟壮观的美景。该工程荣获 1986 年国家优质工程银质奖、国家建设部优秀设计金质奖。

▼▲ 八里台立交桥（一、二）

▲ 八里台立交桥（三）

◀ 市民争看新建成的八里台立交桥

2) 中山门立交桥

1986 年 7 月建成，为两层半苜蓿叶形定向组合式。建桥时，周围建筑已经形成，桥北是住宅楼和学校，桥南是第二工人文化宫，地势狭窄，无回旋余地。为减少拆迁，充分利用地形，将常规采用的四个象限的匝道，叠合在南侧两个象限内，布局紧凑，占地少，交通功能好，机、非全部实现单向行驶，有利于提高车速和保障交通安全。因桥形状似蝴蝶，故称蝶桥。全桥由 3 条主桥和 8 条匝道连接组成，总长 2629.4 米，桥宽 9.5 米和 13 米。上部结构首次采用多跨现浇连续箱形梁，由 22 个不同半径的圆组成弯、坡、斜度复杂线形，造型新颖。该桥由天津市市政工程勘测设计院设计，市政一公司施工。设计院为这座立交桥开展设计竞赛，最后选用青年技术人员胡习华设计的立交方案。工程获 1986 年建设部优秀设计金质奖、1988 年国家优质工程银奖和鲁班奖。

▲ 中山门立交桥（一）

中环线工程从设计、拆迁、施工到全线通车，总工期仅为10个月。市政工程局参建干部职工精心再精心地策划部署、研究工艺、组织指挥，施工中时间不断、空间占满，把速度、质量、效益、管理、协作、指挥艺术、文明施工统一起来，达到了“工期短、质量好、投资省、扰民少”的要求，摸索出了一套在城市中心区组织骨干道路建设的成功经验。这些基本经验，对今后进一步加快城市基础设施的建设步伐起到了十分有益的作用。

▲ 中山门立交桥（二）

◀ 天津市民涌上新建的中山门立交桥

1986年8月20日，邓小平同志视察了中环线工程，他对中环线的高速度、高质量建成很感兴趣。当得知中环线的建设成就靠的就是我们党特有的政治优势后，十分精辟地提出了“改革，现代化科学技术，加上我们讲政治，威力就大多了”的重要论断。这个精辟论断，成为新时期推动天津市政建设事业改革和快速发展的重要法宝。

▲ 东兴立交桥，长1696米，是当时最长的立交桥

◀ 普济河道立交桥，主桥梁底高出大沽水平面 13.21米，是当时市区最高的桥

▲ 中环线佟楼人行天桥

▼ 中环线道路工程全线通车典礼

3. 市区第一条环城公路——外环线工程

建设外环线是加快城市总体规划的关键一环，是综合治理城市交通的重大措施，是改善投资环境、发挥中心城市作用的迫切需要，是繁荣城乡经济的一条有效途径。

当时建设外环线时，因其位置远离中心区，与中环线之间隔着无数工厂、菜地、稻田和水塘，很多人不理解，说为什么要在那么远、几乎是荒无人烟的地方花钱修筑那么宽的道路，而且那时机动车的数量也很少。但以老市长李瑞环为首的市政府领导班子坚决实施这一规划。李瑞环市长当时强调，一座城市不能无限地向外扩张，地区摊得太大，会带来严重的“城市病”。画定一个外环，就是为了限制城市的扩张。而且还要在这个外环上，规划一条景观河和一道500米宽的绿化带，既为调节城区的小气候，为城区阻挡风沙，也给未来的城区扩张加上一道“绿色紧箍咒”。再就是，城市规划要有超前意识，不能总是修修改改，外环线的宽度要保证几十年后也不过时，结果天津市修建了这条当时全国绝无仅有的环城公路，将“美丽的幻想”变成了现实。

外环线是市区快速干道网“三环十四射”的一环，北起引河桥，西至西姜井，南至梨园头，东至张贵庄，与14条放射干道相连通。道路全长71.44公里，路宽50米，与市区5条大河、3条铁路干线和14条放射线相交，道路外侧为30米宽的外环河，河水与5条河道相通，为农田灌溉提供方便。河外侧开发500米宽的果树林带和鱼塘。外环线的主要功能是：承担市区货运交通，截流和疏导过境车辆，缓解市中心的交通，方便近郊交通运输，控制市区范围，成为市区面积的控制线和环境保护圈。工程于1986年10月20日开工，1987年9月底完成第一期工程，包括填筑50米宽路基、修建22米宽沥青混凝土路面、开挖30米宽外环河和桥梁、立交，1987年10月1日全线竣工通车。1988年继续完成第二期工程，将路面加宽至36米。两期工程共修建沥青混凝土路面236万平方米，跨河大桥4座（海河、北运河、新开河、子牙河大桥），中小桥22座，立交桥6座，所有桥梁均为上下行双桥，铺设大型涵管5.5公里，以及抽水站、闸门等100多项水利配套工程。6座立交包括：津塘公路立交、张贵庄立交、西青道立交、津沽公路立交、北环铁路地道、铁东路地道。全线共征地1万余亩（1亩=666.7平方米），拆迁沿线建筑物10万余平方米，填筑路基土方 534 万立方米。老市长李瑞环同志对外环线工程给予高度评价：“施工速度之快、工程质量之好、建设费用之省都创造了新的水平。难以实现的美丽幻想，终于以出人意料的速度变成了光辉的现实。天津人又创造了一个奇迹”“外环线在天津城市建设史上留下了光辉的一页”。

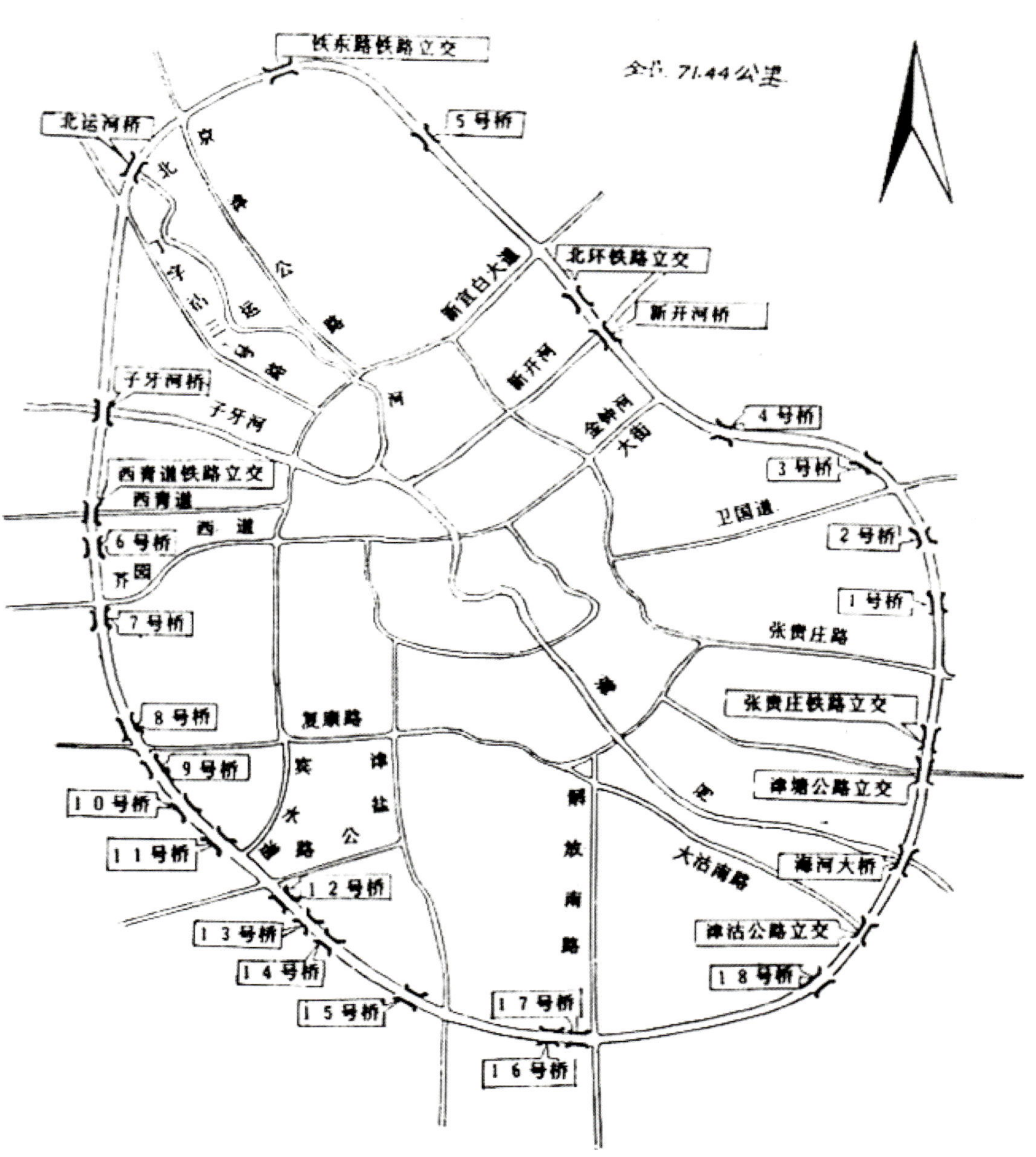

▲ 外环线道路工程示意图

▲ 外环线土方工程

▲ 外环线跨铁路立交

▲ 外环线津沽立交桥

▲ 外环线津塘公路立交桥

外环线工程在天津市政府统一领导下，由天津市市政工程局承担主体工程施工，4个郊区负责水利、绿化等配套工程，天津市交通局承包160万吨材料运输任务，电力、电信、公用、铁路等部门承包地上地下管线的迁移改建，挖河、填路土方工程则组织义务劳动。在“人民城市人民建”的方针指导下，全市人民全力支援外环线建设。郊区农民发扬风格，拆迁征地工作仅用13天即全部完成。22万义务劳动大军参加挖河和填筑路基，25天完成路基土方，6个月完成全部主体工程。市政公路施工队伍披星戴月，昼夜兼程，高质量地完成了150万平方米道路和33座大型桥梁的施工任务。外环线工程设计由天津市市政工程勘测设计院承担，天津市市政工程局所属施工、养护管理单位均参加了工程建设。

▲ 外环线海河大桥

▲ 外环线西青段

▲ 外环线纪念碑

▲ 外环线北环铁路立交

▲ 天津市外环线道路工程竣工典礼

4. 内环线和十四条放射线工程

内环线主要承担市中心的客运交通，并沟通市内六区之间的联系。内环线由9条道路组成，包括南开三马路、南京路、曲阜道、十一经路、新开路、狮子林大街、老铁桥大街（通北路）、北马路、西马路。全线长15.21公里，规划路面宽40米。由于线位在旧市区中心，拆迁量很大，难以一次建成，故采取分期加宽方式实施。1994年，随着狮子林桥和北马路道路拓宽工程竣工通车，内环线全线实现贯通。

▲ 内环线狮子林大街

十四条射线沟通内、中、外三条环线和公路网的出口干线，连接市区主、次干道，形成交通主动脉。1987年以前，14条放射线都达不到规划长度和宽度，多数只有9～14米宽，有的地段尚未开辟。14条放射线包括：京津公路市区段（中环至外环）、新宜白大道、金钟河大街、卫国道、张贵庄路、津塘公路市区段、大沽南路、解放南路、津淄公路市区段（卫津南路）、红旗南路与宾水道、复康路、芥园西道、西青道及丁字沽三号路。从1987年开始，开始分步拓宽、改造和建设。到1995年，十四条放射线全部建成，大部分路段已达到或接近规划宽度。

▲ 内环线南开三马路

▲ 内环线南京路海光寺口

◀ 内环线北马路

◀ 内环线十一经路

▲ 十四条放射线之一——西青道

▲ 十四条放射线之一——大沽南路

▲ 十四条放射线之一——卫津南路

▲ 十四条放射线之一——解放南路

▲ 十四条放射线之一——新宜白路

5. 原市政府顾问、市政工程局局长胡晓槐总结建设“三环十四射”的基本经验

没有交通的现代化，就没有城市的现代化，更不会有天津的经济繁荣。说起“三环十四射”，不光天津人、中国人，就连一些外国商人和政府要员都知道。由于有了“三环十四射”，天津市的道路网络南北不通、东西不畅的状况得到了根本改变，为天津经济的更快发展奠定了基础。由于有了“三环十四射”，城市的载体功能进一步增强，投资环境得到明显改善，为天津大踏步走向世界创造了条件。1985年，市政府投入2亿元，在两年内仅用了10个月工期，就建成了34.49公里长的中环线。当时，邓小平等中央领导同志和许多专家、学者都认为这项工程已经创出了快、好、省的奇迹。而此后我们修建的50米宽、71.44公里长的外环线和500米宽的林带，还有一条外环河，总共才花了3亿多元。因为，外环线71公里长的路基是靠群众参加义务劳动搞的，这就为工程建设节省了一大笔资金。这些常常被一些人认为是“天方夜谭”，从纯经济的理论分析根本不可能办成的事情，在天津的城市建设中都成为现实。关键就在于我们始终坚持了“人民城市人民建，为民之举靠人民”这一条；在于我们通过义务劳动的好形式，组织人民群众齐心协力改变家乡的面貌，解决人民生活的问题；在于我们发挥人多的优势，发挥了政治优势，发挥了凝聚力的优势，使人民群众真正受了益，得到了实惠。

THE

THIRD

CHAPTER

第三章

中心城区快速路系统建设

TIANJIN MUNICIPAL

MEMORY

天 津 市 政 记 忆

一、快速路系统建设过程

中心城区快速路系统利用了“三环十四射”路网骨架的部分道路，并通过调整原来路网的等级和密度，形成快速路、主干道、次干道、支路等各种等级道路，组成新的城市快速路网体系，设计车速为 60 ~ 80 公里 / 小时。

2002 年 9 月，快速路东南半环（程林庄路一卫国道）工程竣工；2004 年 10 月，快速路昆仑北路建成；2005 年 6 月，快速路黑牛城道贯通；2008 年 1 月，快速路东南半环（昆仑路与外环线交口至宾悦立交桥段）建成；2008 年 4 月，东纵快速路主线贯通；2008 年 7 月，快速路北横通道主线基本完成；2010 年 8 月，快速路东纵通道建成通车。2010 年，随着快速路环线复康路立交桥重建工程竣工，快速路西北半环全线建成通车，快速环路全部贯通。

快速路系统由道路工程、快速公交、智能交通、生态景观、综合服务五大系统组成，现已基本完工。到 2010 年已建成的中心城区快速路总长 345.2 公里。快速路内环建成大型立交 32 座，快速路系统上的各个节点基本实现立体交叉，还建成穿越北宁公园西大湖水下隧道 1 条，跨路人行天桥 48 座，基本形成全封闭中心城区快速路系统。

快速路内环环线东南半环和西北半环的地平式断面，主线为 8 车道 +2 个多功能车道，道路总宽分别为 74 米和 80 米。

▲ 快速路东南半环黑牛城道（路宽 74 米）

▲ 快速路东南半环红旗南路

▲ 快速路西北半环天平路（路宽 80 米）

▲ 东纵快速路

▲ 快速路昆仑路

二、快速路系统大型立交桥和跨河桥

1. 昆仑桥（津塘公路立交）

为枢纽一级、三层苜蓿叶全互通立交，主线桥长 874.9 米，主线桥宽 24.75 米，占地 23 公顷，桥梁面积 4.53 万平方米，2004 年 2 月建成。

▲ 昆仑桥

▲ 卫昆桥

2. 卫昆桥（卫国道立交）

为枢纽一级、四层组合型全互通立交，南北向长约 1500 米，东西向长约 1400 米，主线桥宽 35.5 米，普通及预应力钢筋混凝土箱梁，占地 21 公顷，桥梁面积 8.5 万平方米。2004 年 10 月建成。

3. 津昆桥（张贵庄立交）

为枢纽一级、全苜蓿叶形四层组合全互通立交，主线桥长5681.9米、宽16.5～8米，占地面积31.5万平方米，桥梁面积4.89万平方米。该桥成功应用连续梁超长预应力束108米张拉工艺技术，在本市立交现浇混凝土连续箱梁中首次采用体外预应力技术。2004年10月建成。

4. 津谊桥（友谊路立交）

本市跨度最大的下承式钢箱形拱分离式立交桥，主跨长85米，全长1019.9米，其中桥梁部分长505.7米，主桥宽34.4米，桥梁面积16574平方米。2004年12月竣工通车。

▲ 津昆桥

▲ 津谊桥

5. 宾水西道宾悦桥

为枢纽二级、三层组合型部分互通立交，部分流向由地面交通组织解决，现浇预应力连续梁、预制小箱梁，占地41公顷，桥梁面积8.83万平方米。2005年5月竣工。

6. 志成道立交桥

为枢纽二级，三层组合形全互通立交，主线桥长4617米，主线桥宽20米、25米，占地23公顷，桥梁面积11.76万平方米。2005年6月竣工。

▲ 宾悦桥

▲ 志成道立交

7. 中石油立交桥（卫津南路立交）

为市区规模最大的立交桥。为枢纽一级：东南半环与卫津南路的立交为半苜蓿叶、半定向四层组合形全互通立交，津涞公路路口为三层喇叭形立交。上部结构为现浇预应力连续梁，简支钢—混结合梁，卫津南路方向长 1900 米，东南半环方向长 2680 米，占地 9.4 公顷，桥梁面积 13.83 万平方米。2006 年 11 月建成。

▲ 中石油立交

8. 郁江立交桥（解放南路立交）

为枢纽二级，半苜蓿叶形三层部分互通立交，解放南路方向长 1560 米，其中原有解放南路跨陈塘庄铁路立交桥拆除，并与该桥重新整体修建，黑牛城道方向长 1000 米，上部结构为混凝土梁。占地 15.8 公顷，桥梁面积 7.38 万平方米。2006 年 12 月竣工。

▲ 郁江立交桥

9. 东兴立交桥

为枢纽二级，四层组合形全互通立交，主线桥长 1056 米，桥宽 33 米，上部结构为混凝土箱形梁，占地 18.7 公顷，桥梁面积 21570 平方米。2007 年 4 月竣工。

▲ 东兴立交桥

▲ 东风立交桥

10. 东风立交桥

为枢纽二级，四层组合形全互通立交，南北向为快速路南横的一部分，长 3526 米，东西向小张贵庄路段为快速路东纵的一部分，长 1384 米，上部结构为混凝土梁，占地 12.6 公顷，桥梁面积 14.42 万平方米。2007 年 10 月建成。

11. 紫金山路立交桥

为菱形立交桥，主线桥长 839.76 米，桥宽 16.25 米，上部结构为钢—混凝土结合梁，桥梁面积 2.30 万平方米。2007 年 12 月建成。

▲ 紫金山路立交桥

12. 十一经路立交桥

在将原立交桥保留的情况下，左右各新建两条主线桥，跨越津塘路、京山铁路、成林道环岛，东接东风立交桥，北接顺驰立交桥，形成了三层立体城市高架交通快速通道，全长 1950 米，东纵段长 920 米。桥梁面积 7.09 万平方米。2008 年 5 月竣工。

▲ 改建后的十一经路立交桥

13. 普济河道立交桥

为枢纽二级，三层苜蓿叶部分互通立交。普济河道—新宜白大道方向长1800米，铁东路方向长2.6公里。上部结构为混凝土梁，桥梁面积12.28万平方米，占地19公顷。2008年7月竣工。

▲ 改建后的普济河道立交桥

▲ 西青道中环线立交桥

14. 西青道中环线立交桥

分离式立交，2008年12月改建。主线桥长638米，桥宽26米，桥梁面积1.6万平方米。

15. 南仓道铁东路立交桥

为枢纽三级，三层组合形全互通立交，西北半环方向长3850米，东纵方向长1300米。占地26.3公顷，桥梁面积11.06万平方米。2009年竣工。

▲ 南仓道铁东路立交桥

▲ 河北大街立交桥

16. 河北大街立交桥（西纵快速路立交）

为四层组合形全互通立交。南北方向西纵及河北大街主线长2200米，东西北横方向长920米，主线宽26～42米，占地30公顷，桥梁面积4.78万平方米。2009年11月竣工。

17. 青云立交桥（密云路立交）

为枢纽一级，四层组合形全互通立交，南北长 1820 米，东西长 1350 米，上部结构为混凝土梁、钢结构梁，占地 31.6 公顷，桥梁面积 14.67 万平方米。2010 年 5 月竣工。

▲ 青云立交桥

18. 复康路立交桥

与快速路西北半环交叉，为苜蓿叶形全互通立交，复康路与西北半环通过4个象限的8条匝道实现交通转向。占地15公顷，桥梁面积6.57万平方米。该桥建成后，西北半环与东南半环快速路实现贯通。

▲ 复康路立交桥

19. 快速路宁园西大湖东纵隧道

为天津首条水下隧道，总长1250米，分上、下行两个隧道，每条隧道宽13.25米，隧道内部净高5.2米，穿越湖底的隧道长400米。2010年8月竣工。

▲ 快速路宁园西大湖东纵隧道

20. 海河上首座预应力混凝土曲线连续箱梁桥——快速路海津大桥

跨越海河的主线桥长 1167 米，跨径 3×55 米，预应力混凝土曲线连续箱梁，平曲线半径为 490 米，分上下行桥，每幅桥面宽 18.75 米，单箱单室截面，箱梁高 3 米，箱梁顶板宽 18 米，箱梁底宽 7.6 米。由于海津大桥河西区一侧现状极其复杂，故引桥采取多点三层互通式立交设计方案，使车辆上下桥方便自如。施工方法采用移动模架逐孔架设法（即 MSS 架桥机施工工艺）。2003 年底建成通车，2013 年对海津大桥进行了拓宽改造，在东南半环方向将现有上、下行主桥向外拓宽，各增加一个车道，将现状主体双向六车道拓宽成双向八车道。

▶▼ 海津大桥

21. 北横快速路子牙河大桥

为市区唯一的一座拱形斜独塔斜拉桥，主桥主跨径145米，桥面总宽36.8米。主梁采用主钢边混凝土混合型双箱双室横断面，梁高2.2～2.46米，为正交异性钢箱梁，边跨为预应力混凝土箱梁。主塔高78米（桥面以上），倾角75°，主梁从塔中穿过，拉索采用扇形形式，形似竖琴。2008年建成通车。

▲▲ 北横快速路子牙河大桥

22. 连接中心城区与滨海新区的第一条快速景观通道——天津大道

2010年10月建成通车。该路西起外环线津沽公路跨线桥，东至滨海新区中央大道，平行海河距南岸2～4公里，沿线经过塘沽新城镇、滨海新区响螺湾及东西沽。全长36.2公里，为双向八车道城市快速路，路面宽31米，中央隔离带宽10米。总面积174万平方米，桥梁20座。道路两侧有30米的微丘式绿化带，种植高大乔木、常绿灌木和各种花卉。分隔带种植各种植物组团，并零星点缀太湖石或景观女贞。

▲▲ 天津大道

THE
FOURTH
CHAPTER

第四章
进一步完善市区道路网络

TIANJIN MUNICIPAL

MEMORY

天 津 市 政 记 忆

一、实施以修路带动危改

1995年10月，市区首条“以路带危改”项目芥园道工程竣工通车，道路长1.95公里，宽40米，带动了路两侧46万平方米危陋平房的改造。以路带危改，是从成片危陋平房中开通道路，完善路网，带动土地升值，便于招商引资，改造危陋平房。危改促进了城市道路建设，先后打通金纬路、福安大街、荣业大街、城厢中路、广开四马路、西市大街等近40条道路，为危改工程的实施打下了基础。

▲ 打通后的芥园道

▲▲ 实施危改前后的老城里

▲ 以路带危改项目

二、不断完善“三环十四射”城市路网大型桥梁建设

为了加强环线与放射线之间的连接，从 1991 年开始，相继新建了王顶堤、顺驰、勤俭、民权门等大型立交桥，进一步完善了“三环十四射”系统，城市载体功能明显提高，较好地适应了社会经济发展对道路交通的需求。

1. 中环线王顶堤立交桥

1993 年 9 月竣工通车，为三层互通式立交，共有 4 座主桥、8 座匝道桥，桥梁面积 1.65 万平方米，总体布局平面紧凑，纵坡适度。上部采用钢筋混凝土预制和预应力钢筋混凝土现浇工艺，匝道桥采用了弯桥单支点连续箱梁结构，预制梁为 25 米后张预应力空心板梁。

▲ 王顶堤立交桥

2. 北站立交桥

1993 年 9 月建成，主线上跨津浦、京山铁路，主桥长 440 米、宽 16.5 米，地道桥长 83 米、宽 13.7 米。

▲ 北站立交桥

3. 内环线金狮立交桥

建于 1994 年 10 月，三层互通立交，总长 1312 米，钢筋混凝土箱梁。1999 年续建了 D 线匝道。

▲ 金狮立交桥

▲ 金狮立交桥夜景

4. 顺驰立交桥

1998 年 9 月 28 日竣工通车，为三层五线互通式立交，上部结构为现浇普通及预应力钢筋混凝土连续梁，主线桥长 3849 米、宽 19 ~ 29 米。2005 年 10 月续建完善匝道桥，桥梁面积 7.8 万平方米。

▲ 顺驰立交桥

▲ 顺驰立交续建完善匝道

5. 中环线民权门立交桥

2004 年建成，三层互通立交，全长 760 米，桥梁面积 2.7 万平方米。

▲ 中环线民权门立交桥

▼ 外环线津淄立交桥

6. 外环线津淄立交桥

1999 年建成，分离式立交，主线桥长 560 米，桥梁面积 2.16 万平方米。

▼ 金纬立交桥

7. 金纬立交桥

2000 年建成。由中间跨越铁路新货场、货场大街的机动车跨线桥及两侧供非机动车及行人过铁路的地道组成。跨线桥全长 957.6 米，宽 17 米，每侧地道净宽 8 米，箱体长 225 米。

8. 滨海立交桥（史家庄立交）

2001年建成。全桥为三层苜蓿叶互通式立交，建筑面积8.8万平方米，其中桥梁面积77920平方米，主桥为双向四车道，桥面宽18米，最宽处37.4米。

▲ 滨海新区滨海立交桥

自1978年进入改革开放新时期到2014年的三十多年间，天津城市道路已形成了一个布局合理、网络完善、等级分明、功能齐全的、以“三环十四射”和快速路系统为主干的环形放射状城市道路骨架和路网系统，基本改变了以前过河难与过铁路难的状况，打破了“东西不通、南北不畅”的城市道路旧格局，路网格局日趋完善，城市载体功能明显提高，有效地改善了交通出行条件和投资环境，有力地推动了全市经济社会发展和城市化进程。

截至2013年末，天津市有城市道路1409条（含环城四区），比1948年底增加998条；总长度1410公里，比1948年底增加1135公里，增长5.1倍；面积3571万平方米，比1948年底增加3326万平方米，增长14.57倍。目前城市道路包括快速路32条、138公里，主干路176条、364公里，次干路369条、396公里，支路832条、512公里。市区里巷道路20892条、1919公里。

天津市区有桥梁298座（含环城四区），比1948年底增加217座，增长了3.67倍；总长度184.1公里，面积342.3万平方米。其中跨线立交桥55座；跨河桥159座；人行天桥84座；地道57座，比1948年底增加了48座。

THE FIFTH CHAPTER

第五章

轨道交通、给排水、污水处理厂及河道改造等城市基础设施建设迅猛发展

TIANJIN MUNICIPAL

MEMORY

天 津 市 政 记 忆

一、轨道交通建设

1. 地铁 1 号线全线开通试运营

自 2002 年 10 月 23 日，国务院总理办公会通过天津地铁 1 号线开工建设开始，天津市掀起了轨道交通建设高潮。1 号线新建北段自刘园至西站，与既有地铁接轨；改造既有线 7.4 公里；新建南段从新华路至双林站。线路全长 26.188 公里，其中既有地下线路 7.335 公里、新建地下线路 8.043 公里、高架线路 8.743 公里，地面线路 1.509 公里、过渡段 0.558 公里，共设 22 个车站。改造工程于 2002 年 11 月 21 日正式开工，2004 年 12 月 28 日全线贯通，2006 年 6 月 12 日开通试运营。

◀ 地铁 1 号线财经大学高架站

▲ 地铁 1 号线运营

▲ 地铁 1 号线海光寺站

▲▲ 津滨轻轨

2. 津滨轻轨及地铁 9 号线全线开通试运营

津滨轻轨连接市区与滨海新区。一期工程由中山门至开发区东海路，2001 年 1 月 18 日开工，2003 年 9 月 30 日建成通车，2004 年 3 月 28 日载客试运营。全线共设立车站 14 座（不含预留站），线路全长 45.409 公里，其中高架段 40.186 公里，路基段 5.223 公里。二期工程（地铁 9 号线）由天津站后广场至中山门，与已建成的一期津滨轻轨连接，共设车站 5 座，线路全长 6.843 公里，2012 年 10 月 15 日开通载客试运营。

▲ 地铁 9 号线十一经路车站

▼ 地铁 9 号线与津滨轻轨连接车站中山门站

3. 地铁 3 号线全线开通试运营

地铁 3 号线是天津市快速轨道交通网中的南北骨干线，全长 33.7 公里，共设 26 座车站。2012 年 10 月 1 日，小淀—高新区区间开通试运营。2013 年 12 月 28 日，高新区—南站区间开通试运营。至此，天津地铁 3 号线全线贯通。

▲▲ 地铁 3 号线

4. 地铁 2 号线全线开通试运营

地铁 2 号线是本市快速轨道交通网中的东西骨干线。全长 22.6 公里，共设 20 个车站。2012 年 7 月 1 日东、西分段试运营（西段为曹庄—东南角区间，东段为天津站—空港经济区区间），2013 年 8 月 28 日全线开通试运营（曹庄至空港经济区），2014 年 8 月 28 日东段延长至滨海国际机场站。

▲ 地铁 2 号线天津站

注：本线网图中所标注的车站为相对位置，仅供参考，请以实际地形为准；灰色表示未开通线路。

▲ 天津市城市轨道交通线网图

二、引滦入津工程

曾经被中央领导同志誉为“全国重点工程建设榜样”的引滦入津工程，是一项引水、输水、蓄水、净水、配水完整配套的工程。这项工程是为解决天津城市用水的一项重大战略意义的工程。工程全长 234 公里，从 1982 年 5 月开工，到 1983 年 9 月通水仅用了一年零四个月时间。引滦入津工程中的引水隧洞，穿燕山余脉，全长 12.4 公里，净宽 5.7 米，净高 6.25 米，采用浇筑混凝土和锚喷支护两种衬砌工艺施工。引滦入津工程建成后，正常年景每年可向天津市供水 10 亿立方米，从而结束了天津人喝苦咸水的历史，为天津市提供了一个稳定可靠的水源和一个完整的供水系统。滦水润津沽，天津的水清了、水甜了、用水方便了，这是天津的历史性变化。市政工程局所属市政二公司承建了北京排污河倒虹吸、输水明渠和输水钢管工程，市政一公司和宝坻交通局等承建了引滦入津工程沿线的 8 座公路桥梁工程。市政工程局作为参建单位，荣获国家优质工程金奖获奖单位之一。

▲ 引滦入津工程源头河北省迁西潘家口水库

▲ 引滦入津工程蓟县于桥水库

▲ 引滦入津隧道内景

▲ 滚滚滦水入津门

▲▲ 邓小平同志题词的引滦工程纪念碑

三、城市排水设施建设

改革开放以来，排水设施建设在还清“旧账”的同时，坚持不欠“新账”。积极配合抗震救灾和城市道路建设、住宅建设，搞好新规划片的配套排水设施，进一步完善排水系统，提高排沥排污能力。

1977 年，在废墙子河解放南路至海河边的河槽上修建了排水方涵；1978 年，修建官沟泵站出水管，改造了建国道排水管道，解决了老城厢和民主剧场等地区的雨后积水问题。1980—1984 年，在民权门修建泵站大型出水管 2.14 公里；在丁字沽老区新建雨、污排水管道 10 公里及红塔寺雨水泵站；在新辟鞍山西道新建配套雨污水管 19.2 公里；新建了复兴门大型泵站。

1978—1990 年，先后在天拖南、体院北、王顶堤、小海地等 13 片新辟居住区，新建雨污水管道 246 公里、21 座泵站，基本实现了雨、污分流；同时为老工人新村、三级跳坑地区修建排水设施补缺工程，修建下水道 183 公里，使解放前遗留下来的最后一批无排水管道的里巷胡同，基本上实现了管道进巷入院。12 年间，市区新增下水道 788 公里，为改革开放前 30 年新增下水道总长的一倍多。配合中环线建设，在沿线新建下水道 70 公里，并填平了东城

▲ 铺设排水干管

防河和张贵庄明沟；新建、改建了河西区北洋工房、河东区中山门新村、南开区北草坝、河北区张兴庄等片一批下水道；随着市区成片危陋平房的改造，过去积水严重的谦德庄、中山门、靶档道、小关等地区的排水条件从根本上得到改善，至此市区原有的44处雨后积水点，已有半数得到解决或改善。20世纪90年代，利用世界银行贷款，先后完成了天津宾馆、解放南路、张兴庄、杨庄子工业区排水工程项目。

“十五”期间，市政府将低洼地区积水点改造列为每年为老百姓干的实事之一，着力解决部分地区雨后积水淹泡问题，改善群众的居住环境和出行条件，先后完成东南郊、成林庄道及上杭路、复康路以南、南北仓、成林庄工业区、南郊外等片排水工程，填补了这些地区的排水设施空白。经过几十年的努力，中心城区基本消除了大片排水空白区，排沥速度大大加快，基本上实现了“小雨无积水，中雨无淹泡，大雨退水快”。到20世纪90年代，市区排水设施已基本上改变了解放前分布不均、流向不合理的状况，到2010年污水管网普及率为84.06%，雨水管网普及率为72.3%。合流制总面积32.84平方公里，占建成区面积的11.9%。

四、大型污水处理厂建设

20世纪70年代末、80年代初，天津市面临两大困扰：一是严重缺水，二是水环境污染。缺水，严重制约了国民经济的发展，影响了人民生活质量的提高；水环境污染，严重影响到农业生态和城镇居民的正常生活，也给城市生态环境带来不可估量的恶果。

建设污水处理厂是改善城市水环境，实现城市可持续发展的重要条件。市委、市政府果断决策：在市区建设一座大型污水处理厂，既解决污水对环境污染的问题，又能够再造第二水源。

1. 纪庄子污水处理厂

当时全国第一座最大的污水处理厂。1982年4月10日开工，1984年4月28日通水运行。设计能力为日处理污水26万吨，日处理污泥1600立方米。服务面积3773公顷，包括和平区全部、南开区和河西区一部分，人口108万，工厂621个，污水处理量约占当年市区污水总量的四分之一。污水采用标准活性污泥法二级生化处理，污泥采用中温二级消化。处理后的水质达到设计标准和农灌标准，基本消除了纪庄子系统污水对西郊和南郊农业灌溉的污染。处理后的污泥，部分进行脱水，其余排入污泥塘，用作农田肥料。纪庄子污水处理厂的运行，减轻了污水对天津市和渤海湾的污染程度，也为农田灌溉提供了第二水源。工程被评为国家优质工程银质奖，污水处理厂被确定为国家级污水处理科研基地，成为国内环保行业的对外窗口。2001年该厂进行扩建，由26万吨/日扩建至54万吨/日。2012—2014年，该厂实施迁建，更名为津沽污水处理厂，日处理能力55万吨/日，处理工艺为改良的AAO+深床滤池处理技术，出水水质达到国内污水厂最高的一级A标准。同时，每天有15万吨一级A标准的水进入二级沉淀池进行再净化，净化后的再生水输送到陈塘庄热电厂以及梅江、奥城等多个地区，用于供热或绿化等，服务人口达到300万人。

▲ 纪庄子污水处理厂（一）

▲ 纪庄子污水处理厂（二）

▲ 纪庄子污水处理厂剪彩

2. 东郊污水处理厂

为天津市第二座大型污水处理厂，1993 年 4 月建成投入试运行，服务面积 744 公顷，厂外配套管线 5.7 公里，主要接纳张贵庄和赵沽里两个排水系统污水。该厂占地 29.6 公顷，设计日处理污水 40 万吨，采用传统活性污泥法，部分污水采用 A/O 处理工艺，是当时国内规模最大的污水处理厂。2010 年完成升级改造。

▲ 东郊污水处理厂

3. 其他污水处理厂

2001—2009 年，又相继建成咸阳路、北辰、张贵庄等污水处理厂。其中：咸阳路污水处理厂 2005 年通水调试，服务面积 7310 公顷。2010 年完成设计改造，设计规模为 45 万吨 / 日。北辰污水处理厂 2005 年完成土建工程并进行调试，服务面积 1793 公顷，2010 年完成升级改造，设计规模为 10 万吨 / 日。

2010 年到 2013 年底，天津市已建成污水处理厂 81 座，城镇日污水处理能力达到 339 万吨。目前中心城区有 4 座污水处理厂，污水处理能力总计达到 149 万吨 / 日，使天津市城区污水集中处理率超过了 80%。

▲ 咸阳路污水处理厂

▲ 北辰污水处理厂

4. 再生水（中水）利用

为推进污水处理后的再生水利用，自 2004 年起，先后建成纪庄子、咸阳路、北辰、东丽等再生水（中水）厂，日产再生水 19 万吨，用于工业冷却、居住区生活杂用以及二级河道、园林绿化、景观用水等，形成了城市第二水资源。其中 2005 年建成的纪庄子再生水（中水）厂，日产再生水 5 万吨，2008 年扩至日产再生水 10 万吨。2006 年，天津市再生水利用工程获“中国人居环境范例奖”。

▲ 纪庄子再生水（中水）厂

◀ 津沽再生水厂

▲ 再生水利用——绿化喷淋

▲ 再生水利用——景观水体

▲ 再生水利用——道路喷洒

5. 创业环保股份有限公司成立

2001 年 1 月，天津市创业环保股份有限公司成立，该公司是天津市唯一一家从事环保市政基础设施的 H 股和 A 股上市公司，具有投资和经营天津市的环保工程、城市基础设施建设和规划项目的优先权，公司两大经营业务为污水处理和城市道路建设经营。创业环保股份有限公司成立后，自 2003 年开始开拓外埠市场，同年年底成功收购贵阳小河污水处理厂，2004 年又成功开发了云南曲靖、江苏宝应、湖北洪湖以及安徽阜阳水务市场。

6. 原天津市市政府顾问、市政工程局局长胡晓槐谈再生水利用和河道改造

“1999 年，我向市政府提出了一项建议，解决二级河道污染的根本在于‘疏’与‘治’，治理好了，可以改善生态环境，成为城市景观。‘有河治河，没河挖河’，如今已经成为城市建设者的共识。水能流动起来，由污变清，城市就能活起来。一个城市的生气不能只靠人和汽车。天津要清理河道、保护坑塘，这已成为城市建设的当务之急。我在建议中还提出，解决二级河道的水源，可以充分利用两大污水处理厂处理后的再生水，用再生水在河道里循环，形成系统，细水长流。同时，还要定期清挖河道淤泥，整修河坡堤埝，在河道两岸进行绿化，形成美丽的街景。如能统一思想，统一规划，努力实现河水变清、河道纵横，红花绿草交相辉映，则城市面貌的新气象指日可待，人民幸甚。我的建议提出之后，从 2000 年起，市委、市政府用了 6 年时间对市区二级河道进行了综合整治，现在这些河道已经旧貌换新颜，达到了水清、岸绿、路畅、景美的效果，极大地改善了城市环境和人居环境，这是近些年我市城市建设取得的一项可喜的成绩。”

THE
SIXTH
CHAPTER

第六章

高速公路和普通公路建设

TIANJIN MUNICIPAL

MEMORY

天 津 市 政 记 忆

一、高速公路建设

20 世纪 90 年代以京津塘高速公路的建成通车为标志，展开了高速公路快速发展的历史新画卷。天津市市政工程局主管全市高速公路建设，是天津市高速公路建设发展的主要力量。华北高速公路股份有限公司、天津城投集团、天津市滨海新区建投集团、各区县政府，以及有关投资、设计、施工的各方力量，共同开创了天津市高速公路飞速发展的新局面。截至 2014 年，先后建成京沈、津沧、津保、津滨、津蓟、唐津、京沪、津晋、津汕、京津、滨海、津港、滨保、津宁等高速公路，高速公路桥梁工程技术质量水平也有了全面提高。1999 年建成的京沈高速宝坻大桥和 2000 年建成的唐津高速津塘互通立交均获中国建筑工程鲁班奖。1999 年建成的唐津高速永定新河大桥，将高强轻集料混凝土应用技术研究成果用于桥梁结构，填补了桥梁使用轻集料混凝土的空白，获 2001 年市科技进步二等奖。2003 年建成唐津高速滨海大桥。津晋高速汉港公路互通式立交桥 2014 年被中国建筑业协会评为改革开放 35 年百项经典暨精品工程。2005 年建成的京津高速公路北环铁路立交桥，主跨为钢桁架桥型结构，跨径 78 米，这种桥型是天津公路桥梁史上的首例。

截至 2014 年年底，天津市已基本形成了以中心城区和滨海新区为中心的对外辐射形高速公路网络，对提高公路路网的整体服务水平、推动天津市及周边地区的经济快速发展起到了十分重要的作用。

1. 京津塘高速公路（S40）

1) 建设概况

京津塘高速公路工程是经国务院批准的我国第一条跨省市的高速公路，也是最具代表性的高速公路，在我国公路交通史上占有极其重要的地位。全线西起北京大羊坊，东至天津塘沽河北路，全长142.69公里，其中北京市境内35公里，河北省境内6.84公里，天津市境内100.85公里。该路是我国利用世界银行贷款建设的第一条高速公路，按照国际惯例编制招标文件，实行国际竞争性招标和国际施工监理制度，严格遵循国际咨询工程师联合会（FIDIC）指定的合同条款组织管理施工。

工程于1972年开始前期工作，1987年12月开工建设，1990年9月12日北京至天津杨村段72公里主体工程竣工，为北京亚运会车辆提供通行服务；1991年12月，杨村至宜兴埠段建成通车；1993年9月25日，京津塘高速公路全线通车。1995年8月通过国家验收。天津段现有武清杨村、宜兴埠、金钟路、滨海机场、军粮城、天津开发区西区、塘沽站进出口，与京沪、京津、长深高速互通。

京津塘高速工程共填筑路基土方1662万立方米，建成高架桥2座，跨河桥48座，互通式立交8座，分离式立交27座，下穿铁路地道1座，通道涵洞及服务区、收费站等一大批配套设施。天津段由于对软土地基采取多种加速沉降措施，路基路面施工采用先进工艺并从国外引进先进筑路机械设备，建成路段的路面平整度达到国内最好水平。

2) 勘察设计

京津塘高速先后六次进行大规模现场勘查，在勘测设计过程中，努力做到设计方案论证充分，技术标准掌握恰当，环境景观协调，线形流畅顺适，交通管理、监控、通信、收费设施完善齐全，并确保全线车辆行驶安全舒适和高质量的总体服务水平。

3) 施工组织

京津塘高速的施工，实行国际竞争性招标。全部工程分为5个合同，其中4个为土建合同，1个为交通工程电子与机电设备工程合同，包括为全线及管理控制中心提供监控、通信、收费及照明4个系统。工程招标由中国技术进出口总公司国际招标公司和两市一省公路主管部门组成的评标小组进行评选，评选结果经国家评标委员会批准和世界银行确认。天津五市政工程公司、天津市第一市政工程公司与法国伯涅公司组成的联合体中标第二合同，承担天津西段

（武清段）43.75 公里道路及构筑物土木工程；天津市第一市政工程公司和日本铺道株式会社组成的联合体中标第三合同，承担天津东段（北辰、东丽、塘沽段）长 52.84 公里道路及构筑物土木工程（不含宜兴埠至徐庄子高架桥）。工程按国际惯例实行监理工程师制度，控制质量，控制造价，控制工期。京津冀三省市分别组建驻地监理工程师队伍，并聘请外方监理工程师。天津监理队伍为天津市道路桥梁工程监理公司（现为华盾工程监理咨询有限公司），是交通部批准的国内第一家具有土木工程监理资格的法人主体，负责二、三、四合同工程，即整个天津段的监理工作。

市政工程局参建干部职工以京津塘高速工程为契机，经受住了国际施工惯例的考验，开始摈弃传统粗放式的管理模式，树立起全新的市场意识、质量意识、合同意识、监理意识，为后来跻身国内高速公路建设市场奠定了坚实基础。

4) 质量管理

京津塘高速的工程质量是在各监理工程师按合同、按程序、按规范严格控制下，通过对每一道工序的检测验收，证明全部达到合同规范指标后，核发各类验收证书。由于对工程质量的严格管理，全线竣工后，对照公路工程质量评定标准，经工程质量监督部门核定，工程质量全部达到优良。京津塘高速公路工程于 1995 年 8 月 4 日通过国家竣工验收，验收组认为：该项目使用世界银行贷款取得成功，为我国公路建设和争取外资贷款起到了示范和推动作用。通过项目实施，提高了建设、设计、施工、监理单位的技术和管理素质；培养了一批适应国际竞争和建设项目管理的专业技术人员；制定了一套符合国际惯例、适合中国国情的项目建设管理机制和监理工程师制度；引进了国外一批先进的施工设备；工程总体水平达到国内领先和当代国际先进水平。京津塘高速自竣工通车至今已有二十多年，交通量比原来的设计增长了很多，但这条路一直处于良好的运行状态。

5) 经济社会效益

京津塘高速公路的建成通车，为首都北京联系天津、河北地区和出海口岸开辟了快速通道，为加强京津冀地区发展经济合作关系、实现优势互补，形成地区经济总体布局提供了良好的契机和重要的物质条件。京津塘高速的建成，改善了投资环境，沿线成为国内外客商投资热点，两侧有北京经济技术开发区、廊坊经济技术开发区、武清经济技术开发区、天津经济技术开发区、天津港保税区等十余个高新技术产业园区，形成了沿线新经济增长点和发展带，被国外经济学家誉为“中国的硅谷”，对京津冀以及整个华北地区和环渤海经济圈的经济与社会的发展起到了积极的推动作用，对区域经济的发展布局产生了积极的引导作用。

6）京津塘高速对全国公路发展的贡献

首先，带动了全国高速公路的大发展。京津塘高速是我国自行设计、自行建设的第一条高速公路。二十多年间，几代公路科技工作者和数万公路建设大军在没有成功经验的困难情况下，虚心学习，洋为中用，博采众长，反复试验，吸收了国际上先进的理念和管理技术，引进了新技术、新材料、新工艺、新设备，不但建成了具有国际水平的高速公路，而且创立了高速公路成套技术，为全国高速公路大发展起到了奠基作用。京津塘高速建设的成功，统一了大家的认识，坚定了发展高速公路的信心，从此全国开始了大规模的高速公路建设。

其次，促进了公路建设体制改革。京津塘高速是我国第一条跨省市建设的高速公路，由两市一省公路主管部门组成的联合公司作为项目法人，统一建设、统一管理、统一收费、统一还贷。这一公路建设体制的重大改革，打破了计划经济体制下传统的管理办法和地区封锁，实现了跨省区联合建设，被交通部誉为“京津塘模式”而推向全国。京津塘高速的成功建设对于改变国人的观念，培养和锻炼高水平的施工队伍，深化公路建设体制改革，促进全国高速公路迅速发展产生了积极、深远的影响。

第三，推动了技术进步。京津塘高速公路建成之后，完善了中国高速公路的技术标准，对于完善高速公路的测量设计技术、施工规范和工程监理制度，积累了宝贵的经验，在全国起到了示范作用。京津塘高速公路建设成套技术是我国第一个具有国际先进水平并符合国情的高速公路建设技术，形成了13项关键技术成果和新的理论研究成果。这些成果已被国家颁布的《公路工程技术标准》《公路路线设计规范》等二十余本技术规范所采纳，在全国高速公路建设项目中得到广泛的推广应用。

▲ 世界银行代表察看施工现场

▲ 1986 年 7 月 31 日—8 月 2 日，时任天津市道路工程指挥部指挥、市政工程局局长胡晓槐及专家参加交通部召开的京津塘高速公路工程初步设计审查会

◀ 京津塘高速公路工程路基施工

◀ 京津塘高速公路工程路面施工

◀ 京津塘高速公路工程桥梁施工

▲ 京津塘高速公路杨村郑楼收费站

◀ 京津塘高速公路杨村出口

◀ 京津塘高速公路徐庄子高架桥

▲ 京津塘高速公路徐庄子立交桥

▲ 绿贯通衢——京津塘高速公路

▲ 京津塘高速公路天津机场站出口路

▲ 改造后的京津塘高速天津机场站

国家科技进步一等奖　百年百项杰出土木工程奖

中国土木工程（詹天佑）大奖　最佳工程设计特奖　中国建筑工程鲁班奖

▲ 京津塘高速公路1993年建成通车20年来，以其严格的项目管理制度和优秀的工程质量受到国内外各界的好评，多年来荣获多项国家和部级各类工程奖项。

京津塘高速公路建设实现了多项新的突破，取得了辉煌的成果：1993年被交通部授予“改革开放以来中国十大公路工程”称号；1994年被建设部评为改革开放以来对国内外有重大影响的“全国最佳工程设计特奖”；1995年被交通部评为优质工程一等奖；1996年获中国建筑工程鲁班奖；“京津塘高速公路工程建设成套技术”获交通部1996年科技进步特等奖；1997年获国家科技进步一等奖；1999年获中国土木工程詹天佑大奖；2009年被评为“新中国成立六十周年百项经典暨精品工程”；2012年，被中国土木工程学会评为“百年百项杰出土木工程”。

7) 京津塘高速公路北部新区段高架桥梁改造工程

为配合天津市北部新区开发建设的需要，加强中心城区和北部新区之间的交通联系，决定启动该工程。2014 年 7 月 9 日开工，2015 年 5 月 9 日竣工通车。项目全长 12.9 公里，在京津塘高速公路原线位平行于外环线的 12.3 公里段路基，新建改造成高架桥梁，采用高速公路技术标准建设，双向四车道，设计时速 120 公里每小时，桥面宽度为 28 米。

▲ 京津塘高速公路北部新区高架段

2. 津沧高速公路 (S6)

津沧高速公路是连接东北、华北与华东、华南及东南沿海地区的重要通道，全长 53.6 公里，原名京沪代用线，京沪高速正线通车后改为津沧高速公路，双向四车道。分两期建设：南段西琉城大桥至青县段，1995 年 10 月 18 日通车；北段西琉城以北至外环线段，1999 年建成通车。设津静、西琉城、前毕、唐官屯、冀津收费站，与荣乌、唐津、京沪高速互通。

▲◀ 津沧高速公路

3. 京哈（原京沈）高速公路(G1)

规划中3条过境通道之一，是沟通东北与华北的交通运输大动脉，线路全长658公里，天津段西起河北省香河，东接河北省玉田，长37公里。一期工程按四车道建设，于1999年10月建成通车；2001年二期工程利用中间预留车道拓宽至六车道，在本市高速公路表面层首次使用改性沥青。与津蓟高速互通，有香河天津、宝坻西、宝坻、天津玉田收费站。

▲▲ 京沈高速公路

4. 唐津（长深）高速公路（G25）

规划中3条过境通道之一，是国家高速公路网规划的国道主干线长深高速公路中的一段，连接京哈和京沪两条高速公路。天津段起于宁河与河北省唐山丰南界，止于荣乌高速，长104.5公里，双向四车道，2003年底竣工通车。2014年，全线由双向四车道拓宽到双向六车道。与京津塘、京津、津晋、荣乌高速互通，有丰南、宁河、汉沽农场、芦台、汉沽、清河、塘沽西、中心庄、小站、王稳庄、蔡公庄收费出入口。

▲ 唐津高速永定新河大桥，预应力混凝土变截面连续箱梁桥，引桥采用轻集料混凝土预应力小箱梁

▲▼ 唐津（长深）高速公路

唐津高速公路跨海河斜拉桥——滨海大桥。2003年底竣工通车。为双塔双索面钢筋混凝土斜拉桥，主桥采用预应力混凝土肋板式梁结构，漂浮结构体系，主跨364米，两边跨各152米，桥宽30.9米。梁肋高2米，宽17米，菱形塔，塔高140.12米（桥面以上高度100米），塔墩为钢筋混凝土结构，灌注桩基础。该桥创造了“五个之最”：主墩承台体积最大，为6000立方米的钢筋混凝土结构；主桥跨径最长，364米；主梁单位块件浇筑时间最短，6.8米长的一个块件工期不足7天；工期最短，仅30个月；技术含量最高，采用了一系列“四新”工艺。该桥获2004年天津市优秀设计一等奖。

▲◀ 滨海大桥

5. 京沪高速公路（G2）

规划中3条过境通道之一，是交通部规划的五纵七横国道主干线之一中的路段，起自京津塘高速公路北京起点，经天津武清泗村店，利用京津塘高速路段转新辟线向南经天津、河北、山东、江苏至上海。京沪高速公路天津段既是该条国道主干线的过境段，也是天津公路网发展规划确定的“一环、七射、四主、二连”主骨架的重要组成部分。全段长115公里，其中主线长90公里，联络线长25公里。自泗村店起点至G112互通立交，双向六车道，从G112互通立交至当城互通立交，双向八车道，从当城互通立交往南至河北省交界段，双向六车道。工程分两期实施，一期工程起于泗村店，接京津塘高速公路，至西青区南河镇接津沧高速，2006年建成通车，其中津沧至津保高速公路24公里作为天津港南通道的组成部分，也是荣乌高速公路的一段；二期工程起于西青区当城，至静海区大张屯，2007年建成通车。

▲ 京沪高速公路（一）

G2
G18
北京 济南 东营
Beijing Jinan Dongying
1km
G112
杨柳青 王庆坨
Yangliuqing Wangqingtuo
1km
武清区

▼▲ 京沪高速公路（二、三）

热烈庆祝京沪高速公路天津段

6. 荣乌高速公路（G18）

荣乌高速公路是国家高速公路路网规划中 18 条东西横线中的一条，由山东荣成经威海、烟台、东营、黄骅、天津、霸州、涞源、鄂尔多斯至乌海，全长 1820 公里。荣乌高速天津段由已建成的津保高速公路一段、京沪高速公路重合段、津晋高速公路一段和津汕高速公路组成，全长 79.28 公里。它是天津市通往山东半岛和华东、华南的一条放射线，也是天津市南部地区的南北向大通道。该路连通天津港、京唐港、黄骅港，缓解了京沪高速公路津冀界主线的交通压力。

7. 津保高速公路（S7）

津保高速公路天津段起自外环线，止于武清区王庆坨，长 23.94 公里，双向四车道。它是山西省通往港口的交通要道，建成后改善了河北、山西两省通往渤海湾各港口的运输条件，有利于天津、河北、山西三省市的经济交流与合作。1998 年开工，2000 年全线通车。设有天津、津同、河北天津站 3 个收费站出入口。

◀ 荣乌高速公路

▼ 津保高速公路

8. 津晋高速公路（S50）

津晋高速公路是天津公路网规划主骨架中重要组成部分，起自海滨大道高速公路，终至京沪高速公路，全长 73 公里。分两段：东段东起临港工业区，止于咸水沽镇以西，全长 36.9 公里，其中津港公路至港塘公路为双向四车道，港塘公路至海防路为一级公路，2004 年竣工通车；西段东起津港公路立交，向西至西青区张家窝立交接京沪高速，全长 20.8 公里，是荣乌高速的一段，2005 年 12 月竣工通车。

▲ 津晋高速公路

▲ 津晋高速公路汉港立交桥

9. 津汕高速公路（S5、G18、G25）

津汕高速公路由荣乌高速公路联络线、荣乌、长深高速公路（并线）的一段组成，起自外环线至河北黄骅界，天津段长 52 公里，双向六车道，2008 年 9 月建成通车。

▲ 津汕高速公路

▲ 津汕高速公路团泊南立交

10. 津蓟高速公路（S1）

津蓟高速公路是天津公路网规划干线骨架的重要组成部分，南起金钟路与外环线交口徐庄子附近，北至邦喜公路蓟县县城以西3公里处，全长102.56公里，双向四车道，路基宽28米。设计行车时速120公里。2003年9月26日竣工通车。与津宁高速公路、津榆公路、九园公路、滨保高速公路、京津高速公路、京沈高速公路、京哈公路等互通。

▲ 津蓟高速公路蓟州收费站

◀ 津蓟高速公路

◀ 津蓟高速公路九园立交桥

11. 津滨高速公路（S3）

津滨高速公路是连接天津市区与滨海新区的重要通道，西起中环线东兴立交桥，东至塘沽胡家园立交桥，全长28.5公里，双向四车道，2001年4月正式运营。2008年进行改扩建，自外环线至军粮城段改建为双向八车道，其余为双向六车道，2010年全线竣工通车。津滨高速公路是天津市第一条采用自动收费系统(ETC)的智能高速公路，也是长江以北地区第一条不停车收费高速公路。

▲▲ 津滨高速公路

12. 京津高速公路（S30）

京津高速公路是国家高速公路网规划中连接京津两市南、北、中3条高速公路的北通道，首都放射干线公路之一，起自北京五环路化工桥，终至天津市东疆港。天津段主线102公里，联络线49公里，主线为双向八车道。2008年7月竣工通车。

▲ 京津高速公路

▲ 2008年竣工通车的京津高速公路津汉联络线

13. 蓟平高速公路（S1）

蓟平高速公路是津蓟高速公路蓟县段的延长线，西接京平高速公路平谷段，南至津蓟高速公路蓟州收费站，全长31公里，全部在山岭中通过，其中有莲花岭和大岭后两处隧道，长约6公里。设有盘山连接线起于盘山风景区南侧，通过盘山互通立交连接正线，全长2.36公里。全线于2008年建成通车。

▲ 蓟平高速公路

▲ 蓟平高速公路莲花岭隧道

14. 沿海高速公路（原海滨高速公路）（G0111）

沿海高速公路是国家高速公路网规划中新增加的一条南北主干公路，滨海“十四横八纵”路网骨架中的南北主干线，也是天津港对外集疏运的重要通道，分南、北、中三段，全长约90公里，其中南、北两段为高速公路，中段为高速等级的集疏港城市快速路，起自汉沽大神堂，止于大港马棚口。2010年通车。

▲ 沿海高速公路

▲ 沿海高速公路天津段

15. 津港高速公路（S4）

津港高速公路是天津中心城区通往津南和大港的放射线，起自外环线与洞庭路交口，终至大港城区，全长约25公里。工程分两段建设，第一段从外环线至规划环外环，为双向八车道快速路；第二段从规划环外环至板港路，为高速公路，双向六车道。2010年12月一期工程竣工通车，二期工程2015年通车。

▲▲ 津港高速公路

16. 塘承高速公路（S21）

塘承高速公路是天津市规划高速公路网“3310”中 10 条中心城区和滨海新区放射线的第二条放射线。工程分两期：一期由京港快速路至京沈高速公路，主线按照双向六车道高速公路标准建设，2011 年 12 月竣工通车。二期由京沈高速公路接塘承高速公路一期终点，向北与京秦高速公路相交后主线转向东与京秦高速公路并线，全长 24.8 公里。2015 年底竣工通车。

▲ 塘承高速公路

▲ 津宁高速公路

17. 津宁高速公路（S2）

津宁高速公路是天津市高速公路网中一条重要的中心城区对外放射线，是连接中心城区与滨海新区、宁河县的重要通道。起点为津蓟高速公路联络线，终点接宁河津芦南线，全长约 48 公里，双向六车道。2011 年 11 月正式通车。

18. 滨保高速公路（G2501）

滨保高速公路是连接河北省东北部、天津滨海新区、天津市区、北京市、河北省中部、西北部的快速通道，是京津冀都市圈高速公路网规划“6 条北京放射线、4 条天津放射线、3 条京津通道、3 条联络线”中 4 条天津放射线的重要组成部分。西起京沪高速公路，东至海滨大道高速公路，路线全长约 93.6 公里。2008 年 5 月竣工通车。

截至 2013 年年底，天津市已基本形成 6 条国家运输主通道、3 条京津城际快速通道、8 条双城对外放射通道，总通车里程 1103 公里，其中国家高速公路 410 公里，省级高速公路 693 公里，高速公路网密度 9.25 公里 / 百平方公里，居全国第二位。原“7918”国家高速公路天津段基本建成，市域路网骨架基本形成，港口集疏运交通基本完善，对于推动京津冀及环渤海地区一体化发展、市域空间及产业布局优化、全市经济社会发展、综合交通系统完善发挥了重要的基础性、先导性、服务性作用。

▲ 滨保高速公路

二、普通国、省干线公路建设

1. 津港公路建成通车

津港公路是从市区通往大港区的干线公路，按国家一级标准建设，1991年9月竣工通车。全长30.35公里，共建桥2座、涵洞78座，路基宽26米，横断面自起点至8.1公里处为两块板式，中央分隔带宽2米，两侧各11米宽；其余路段为一块板结构，路面宽24米。

▲▲ 新建的津港公路

2. 融资改建一批干线公路和桥梁

20 世纪 90 年代，天津公路建设发展公司通过多渠道融资，改建了一批普通干线公路和桥梁。

1)“八五”起步，融资修路

（1）万家码头大桥

由天津公路建设发展公司与香港中国工业投资集团有限公司合作，以一路一桥一公司的方式，成立津港合作的“天津万桥公司”，投资 4000 万元人民币，负责万家码头桥项目的建设运营，并对津淄公路万家码头大桥及两端公路改建，经营合作期 15 年。新桥长 1029 米，宽 14 米，上部结构为 20 米跨度的钢筋混凝土简支 T 形梁。1995 年 4 月开工，同年 10 月竣工。

▲ 万家码头大桥

▲ 改建后的津榆公路

（2）改建津榆公路

长 40 公里，贷款投资 9500 万人民币，路面由 9 米拓宽至 12 米，并对全线补强，1995 年底竣工，是天津市贷款修路、收费还贷的第一条公路。

2)“九五”发展，全市开花

（1）蓟州立交桥

1996年公路建设发展公司与香港中国工业投资有限集团公司合作建设，投资3994万元人民币。新建蓟县102国道与津围公路立交，由102线203米长的高架桥和津围公路520米长的高架桥组成，桥宽16米。

（2）宝平公路改建

长40公里，投资17936万元人民币，由7米拓宽至15米，新辟潮白河大桥至通唐公路新线位，新建一些中小桥，1996年11月竣工通车。

▲ 蓟州立交桥

▲ 改建后的宝平公路

（3）京津公路北段

长 40.1 公里，投资 9359 万元人民币。将宽度不足路面加宽至 12 米，并对原路补强，1997 年 10 月竣工通车。

▲ 拓宽后的京津公路

（4）疏港公路

长 40 公里，天津公路建设发展公司引进外资进行改建，投资 10 亿元人民币，基本改建为两块板一级公路。沿线增加天钢立交、丰年村高架桥、民族路立交、军粮城立交、中心庄立交。1998 年 11 月竣工通车。

▲▲ 疏港公路

（5）津霸、津同公路

津霸公路长 22.8 公里，津同公路长 23.8 公里，投资 1.4 亿元人民币，均按二级公路技术标准改造，1999 年建成通车。

▲ 津霸公路

▲ 津同公路

（6）邦喜（蓟县邦均至喜峰口）公路

长 40.69 公里，二级公路标准，投资 8321 万元人民币，1998 年 10 月竣工通车。

▲ 邦喜公路

（7）津歧公路南段

长 29.2 公里，按二级公路技术标准改造，投资 54404 万元人民币，1999 年 8 月竣工通车。

▲ 津文公路

（8）京福公路南段

长 59.3 公里，投资 95288 万元人民币，二级公路标准，原宽度不变，进行补强，2001 年 10 月竣工通车。

（9）津文公路

长 24.6 公里，投资 12731 万元人民币。从小南河至前毕庄为新辟线路，新建独流减河大桥，按二级公路标准改造，2001 年 10 月竣工通车。

（10）杨北公路

1998 年新建北塘跨铁路立交，投资 16872 万元人民币。杨村 103 线交口至北塘，长 71.7 公里，将不足 12 米的路段加宽至 12 米，全线进行补强，投资 33500 万元人民币，2001 年竣工。

▲ 杨北公路

3. 新建海防路

1997 年 12 月 28 日，新建海防路工程竣工。该路起自独流减河北岸，沿海岸线跨过海河至永定新河南岸，全长 45 公里，路面宽 24 米。

◀ 新建的海防公路

4. 滨海新区中央大道

该路北起汉沽南外环，南至大港海景大道，全长约 53 公里。作为滨海新区综合交通规划体系中南北向最为重要的交通干道，该路将滨海休闲旅游度假区、经济技术开发区东区、于家堡中心商务商业区、临港产业区等经济区、功能区、旅游区串联起来，建成后成为滨海新区南北向的重要景观旅游道路和地域标志性道路。道路采用城市主干路标准，汉沽南外环至京津高速段、津滨大道北线至海景大道段、上高路连接线采用双向八车道，京津高速至津滨大道北线采用双向十车道。中央大道于 2015 年建成通车。

▲ 滨海新区中央大道

三、公路桥梁建设和技术进入发展最快最好的时期

1.20 世纪 70 年代末至 80 年代建设的桥梁

1)1978 年修复原津榆公路蓟运河芦台大桥

原为建于 1960 年的系杆拱大桥，唐山大地震时曾遭到严重毁坏。1978 年对原桥进行修复，为利于岸坡稳定，采取降低桥面和两岸引路高程的方法，将桥面高程降低 3.09 米，主孔采用津浦铁路退役的一跨下承式钢桁架梁改制，桥面宽仍维持车行道 7 米，两侧人行道各 1.5 米。该桥修复后，改为津榆支路上的桥梁，同年在原桥上游 1.2 公里处重建新桥。

2)1978 年重建津榆公路新蓟运河大桥

新桥下部结构为门型重力式墩台，基础为钢筋混凝土打入桩和钻孔灌注桩，上部构造为 14 孔跨径 22.2 米钢筋混凝土预制 T 形梁，全长 317.8 米。桥面车行道宽 9 米，人行道各宽 1 米，全宽 11.5 米。

▲ 修复后的蓟运河芦台大桥

▲ 新建的蓟运河大桥

3)1979年建成天津第一座钢筋混凝土双曲拱桥——津围公路九王庄大桥

▲ 津围公路九王庄大桥

原为1957年建成的大型木桥，1976年遭地震损毁。1977年冬重建新桥，1979年12月建成。下部结构采用墩台、桩柱，上部结构采用钢筋混凝土浇筑双曲结构的拱形预制块，然后在现场安装。全桥纵向为几个大的半圆拱圈，横向则由一个个小半圆拱圈组成。整座大桥不用纵梁和帽梁，节省了大量材料。桥长117.6米，宽14米，分5孔，每孔跨度21.6米。

4)1980年新建津汉公路汉沽大桥

原桥因地震损坏严重，难以修复，决定重建新桥。新桥下部结构为钢筋混凝土墩台，钻孔灌注桩基础，上部结构为11孔跨径20米钢筋混凝土T形梁和4孔10米跨空心板梁，全长263米，车行道宽11米，两侧人行道各宽1.5米，全宽14.5米。

▲ 汉沽大桥

5)1980 年建成静文公路静海立交桥

静海立交桥为钢筋混凝土箱涵结构。桥长 14 米，宽 21.6 米，净空 5 米。分 3 孔，中孔 9 米，行机动车，两边孔各 2.5 米，并设人行道。津浦铁路上行，静文公路下穿。

▲ 静海立交桥

6)1983 年改建津围公路永定新河大张庄桥

原为建于 1971 年的钢筋混凝土桁架拱桥，因桥出现严重病害，故于 1983 年在旧桥下游 16 米处重建新桥。新桥共 22 孔，下部结构为 T 形梁高承台钢筋混凝土灌注桩，上部结构为钢筋混凝土拱桁架微弯板结构，总长 481.4 米，桥面宽 15 米。

▲ 永定新河大张庄桥

7)1984年改建咸歧公路独流减河东风大桥

初建于1966年，俗称千米桥。随着大港油田的发展，交通运输量不断增加，特别是重型车辆的增加，原桥梁已不能适应交通需要，故于1984年重建新桥。新桥总长1060.7米，车行道宽15米，两侧人行道各1.5米，设计荷载为汽－超20、拖120，抗震烈度按8度设防。上部结构为53孔、20米跨径的普通钢筋混凝土T形梁，为保证行车平稳桥面采用6孔一联的连续梁体系。东风大桥是当时天津市公路设计荷载标准最高、最长的特大公路桥。

▲ 东风大桥

8)1985年建成京塘国道塘沽胡家园立交桥

1985年，与京塘国道军粮城与塘沽河北路段改建拓宽工程同时，建成京塘国道胡家园立交桥，为下穿京山铁路地道、兼为公路与塘沽新胡路的互通式立交。采用预制钢筋混凝土框架结构，为便于施工和顶进，将穿越铁路和连接公路的两座箱涵联为一体，断面为4孔箱涵结构，箱体南北长24.74米，东西宽35.2米，高7.1米。箱涵中间两孔各宽8米，两边孔各宽7米，两侧匝道总长1.1公里。箱涵布置与津塘公路“四块板”相适应，与京山铁路呈60° 夹角。

▲ 胡家园地道立交桥

9) 1985年建成我国最大的直升开启式钢结构桥——海门大桥

大桥距海河闸8公里，主桥长260.4米，全桥总长度903米。5孔，中孔跨径64米，其余4孔跨径各48米。上部结构为简支下承式栓焊钢桁架，下部为钢筋混凝土墩台及钢管桩。桥面车行道14米，两侧各有2米宽人行道。该桥中孔为开启式通航孔，净宽60米，在中孔两侧的48米梁上建有45米高的垂直提升塔楼，提升行程24米，开启时可通过5000吨级以下的货轮。通航孔净空关闭时7米，开启时31米。该工程1982年12月20日开工，1985年11月13日正式通车。以前，塘沽过海河车辆须绕行海河闸的交通桥，载重10吨以上重车须绕市区百公里之遥，行人过河靠轮渡，仅大沽化工厂和塘沽盐场两大单位的渡口，每天就有近5万人靠轮渡过河。该桥建成后对发展港口贸易和便利塘沽交通起到了重要作用。

海门大桥

海门大桥夜景

10)1987 年建成天津第一座预应力钢筋混凝土斜拉桥——永和大桥

永和大桥位于津汉公路，跨永定新河，1987 年年底建成通车，其主跨 260 米，在当时国内和亚洲同类桥中居于首位。该处原有一座 T 形梁桥，1976 年唐山大地震时塌毁，震后重建新桥。新桥设计为避免海水侵蚀和冰凌撞击桥墩，选用主跨为 260 米的预应力钢筋混凝土斜拉桥。斜拉桥在原桥上游约 400 米处，共 5 孔，中跨 260 米，两侧跨径各为 99.85 米和 25.15 米。全桥长 510 米，全宽 14.5 米。采用双面扇形索，门形双塔，塔墩固结。两座空心矩形塔柱的截面为长、宽各 3 米，高 55 米。全桥有 44 对平行钢丝索，锚具为 HIAM 冷铸锚，用高密度乙烯原料制成的 PE 管，并充填水泥浆为保护措施。由于桥位地处Ⅷ度地震区，距入海口较近，风力大，故桥梁结构采用漂浮的结构体系。主梁的横断面为三角形边箱的半封闭式流线型断面，梁高 2 米。主梁除边跨为现浇混凝土外，其余均为预制块件胶拼而成。永和斜拉桥设计获天津市优秀设计一等奖。

▼▼ 永和大桥

11)1987 年建成京福线独流减河西琉城大桥

原桥建于 1969 年，1976 年遭地震受损后，仅供非机动车和行人使用。1987 年在旧桥西侧建一新桥。新桥全长 845.6 米，宽 18.5 米，共 42 孔，上部为跨径 20 米的钢筋混凝土 T 形梁，基础为钻孔灌注桩。

▲ 西琉城大桥

12)1988 年重建跨度最大的梁式桥——津榆公路东堤头大桥

原桥灌注桩混凝土长期受海水侵蚀和冰凌撞击出现严重病害，决定重建新桥。新桥全长 489.9 米，全宽 18.5 米。全桥为 15 孔，主桥上部结构为 3 跨预应力钢筋混凝土连续箱梁，跨径分别为（70+100+70）米，是天津市当时跨度最大的梁式桥，首次采用悬臂浇筑施工方法。两端引桥各为 6 孔跨径 20 米预制钢筋混凝土 T 形梁，下部结构为灌注桩排架墩台。

▲ 津榆公路东堤头大桥

13)1988年建成京塘公路南北辛庄立交桥（地道）

原为平交道口。该地道下穿京山铁路，采用预制钢筋混凝土箱形方涵顶入法施工。中孔为机动车道，净宽16米，净高5.26米；两侧边孔为慢行车道，各宽6米，净高3.5米。

14)1989年建成京津公路立交桥

为双层苜蓿叶形互通式立交。京津公路方向长613米，外环线方向长800米。

◀ 京塘国道南北辛庄地道桥

▼ 京津公路立交桥

2.90 年代建设的桥梁

1)1997 年建成外环线津静立交桥

为大型苜蓿叶式互通立交，也是津沧高速公路起点的枢纽。上部结构为预应力混凝土箱梁和普通箱梁，主桥 A 线长 240 米，分上下行两幅单桥，桥宽各 16.5 米，匝道桥 D 线和 F 线各长 48.5 米，宽 9.5 米，桥梁面积 1.2 万平方米。

2）1998 年建成塘沽彩虹大桥

主桥为（164.7+168+164.7）米三孔下承式系杆无推力钢管混凝土拱桥。桥面总宽 29 米，矢跨比 1/5，拱肋由两根直径 1500 毫米钢管焊成哑铃形截面组成，高 3.75 米。

▲ 外环线津静立交桥

▲▲ 塘沽彩虹大桥

3)1999 年建成外环线津塘公路张贵庄高架桥

该桥为外环线主线上跨津塘公路三层立交上新增的第 4 层分离式立交。设计为上下行两幅单桥，单桥长 1397.9 米，其中主桥长 1043.9 米，单桥宽 13.25 米，单向三车道，距地面最高处 22 米，是外环线上最长的跨线桥，上部结构由预应力混凝土箱梁和空心板梁组成。

▲ 张贵庄高架桥

4)1999 年建成外环线金钟立交桥

苜蓿叶形式，主线桥跨径组合为（8×20+1×23+1× 28+1×24+1×30+1×33）米，桥梁面积 11449 平方米，现浇箱形梁结构。

▲ 外环线金钟立交桥

3. 跨入新世纪以来建设的桥梁

1)2001 年建成主跨居当时亚洲第一的独塔斜拉桥——塘沽海河大桥（今沿海高速公路海河大桥）

该桥为混合型加劲梁独塔斜拉桥，总长 2220 米，全宽 23 米。主跨 310 米，为当时亚洲第一。主塔为菱形塔，塔高 165.5 米（桥面以上高度 127 米）。2011 年，紧挨原桥位新建成一座与主跨相同的独塔斜拉桥，由原双向四车道拓宽至八车道。

▲▲ 塘沽海河大桥

2)2008 年建成津汉公路机场大道立交桥

为两层互通组合式立交，建筑总面积 11.9 万平方米，包括主线桥、8 条匝道桥和两条辅道。主线桥双向六车道，设计车速 80 公里 / 小时。建成后将机场客流快速疏散到天津市区、滨海新区以及北京周边地区。该桥荣获 2008 年度鲁班奖。

3)2008 年建成京津公路跨外环线立交桥

该立交是连接外环线和京津公路的大型枢纽立交，为两层互通立交。主线全长 902 米，桥梁面积 3.8 万平方米。

▲ 机场大道立交桥

◀ 京津公路跨外环线立交桥

4)2009 年建成团泊新桥

团泊新桥采用了世界上独一无二的“彩针型”独塔斜拉桥设计方案。全长 1296 米，宽 45 米，两侧机动车上下行，中间预留地铁。主跨最大跨径 138 米，主塔向河侧倾斜 60°，全长 120 米，分为 3 段，下塔和中塔为受力结构，上塔为装饰结构。主桥斜拉索为不对称布置形式，主跨斜拉索布置在中央分隔带，边跨斜拉索布置在人行道外侧，以体现仙鹤奋力振翅的两翼。

▲ 团泊新桥

5)2010 年建成塘汉快速路永定新河特大桥

该桥由主桥和南北引桥组成，全长 1133 米，桥梁面积 4.27 万平方米。主桥上部结构为上下双行双索面矮塔斜拉形式。主梁为单箱四室变截面预应力混凝土箱梁，全长 315 米，索塔为混凝土结构，塔高 24.5 米，采用塔梁固结形式。斜拉索为环氧钢绞线拉索体系，每座索塔设 7 对拉索。该桥是天津市第一座矮塔斜拉桥，结构独特、造型新颖美观，与北塘达沃斯小镇遥相呼应，成为滨海新区一道新的亮丽景观。

▲ 塘汉快速路永定新河特大桥

6)2013 年重建津歧公路独流减河东风大桥

为老桥拆除重建。新桥全宽 29.5 米，总长 1060 米，上部采用 20 米先简支后连续预应力混凝土箱梁，共 424 片。项目改建后成为一级公路，设计车速 80 公里 / 小时。

▲▲ 重建后的东风大桥

7)2013年新建外环北延永定新河大桥

该桥为北郊生态园的配套通道工程，全长886.86米，上下行双幅布置，单幅桥宽18米，主桥长530米，共计10联连续现浇箱梁。该桥由公路工程总公司承建，荣获鲁班奖。

▲▲ 外环北延永定新河大桥

8)2015年建成滨海新区中央大道海河隧道

为我国北方首座水下沉管隧道。隧道全长4.2公里，双向六车道，穿越海河地段采用沉管法施工工艺，每节沉管宽36.6米，高9.65米，长85米，重达3万吨，三节沉管总长255米，采用轴线干坞预制。该隧道建成后，海河南北两岸车程由原来的20多分钟缩短至3分钟，并把中心商务区于家堡金融区与临港工业区、天津港散货物流区连为一体。

▲▲ 中央大道海河隧道

9)2015 年建成滨海新区中央大道永定新河特大桥

该桥位于滨海新区永定新河与潮白河交汇处，东临津秦高铁，全长 1026 米，单幅路面宽 15.5 米，桥梁面积 34084 平方米，主跨结构为变截面预应力混凝土连续箱梁，引桥为预应力小箱梁，全桥钻孔桩基础。

截至 2013 年年底，天津市公路总里程 15718 公里，比 1948 年底增加 14926 公里，增长 19.8 倍。公路网按行政等级划分包括：国道 860 公里，省道 2831 公里，县道 1307 公里，乡道 3858 公里，村道 5853 公里，专用公路 1009 公里。按技术等级划分，高速公路 1103 公里，一级公路 1302 公里，二级公路 3241 公里，三级公路 1260 公里，四级公路 8812 公里。二级及以上公路占全路网的 35.9%，路网密度 131.87 公里 / 百平方公里；公路桥梁 3225 座，比 1948 年底增加 3138 座，增长 37 倍；桥梁总长 523586 延米，比 1948 年底增加 521919 延米，增长 314 倍。

▲ 滨海新区中央大道永定新河特大桥

THE
SEVENTH
CHAPTER

第七章

多渠道筹集建设资金，加快市政公路建设步伐

TIANJIN MUNICIPAL

MEMORY

天 津 市 政 记 忆

京津塘高速公路的建设，成功地引进了世界银行贷款，为解决高速公路建设资金开辟了一条新路。20 世纪 90 年代初，随着城市的发展，天津市政公路基础设施急需新建和扩建，但紧张的资金制约了发展的脚步。市政局领导一致认为“找市长不如找市场”。为此，市政工程局大胆改革与创新，突破原来单一由政府投资城市基础设施的做法，走多渠道、多元化融资的新路子，多方筹集建设资金，满足经济社会发展对城市基础设施建设发展的需求。

1992 年，天津市和世界银行达成协议，利用世行贷款一亿美元，加上等额的配套资金，总投资约 16 亿元人民币，建设天津市的基础设施和环境项目。这些项目共七大类 22 个子项目，其中市政建设项目包括道路和立交桥项目、排水项目。为组织实施好这些市政建设项目，当年 10 月，市政工程局成立了市政建设公司（市政工程局利用世界银行贷款办公室），负责利用世界银行贷款及市政项目的投资、融资和经营，组织实施城市道路、桥梁和排水设施。到 2000 年，市政建设公司先后组织完成芥园西道、南市福安街等道路排水改造工程。利用世行贷款，完成了北马路、西马路、狮子林大街道路拓宽改造工程，实现了内环线全线贯通；完成了卫津南路的拓宽改造；组织建设了京津公路立交、顺驰立交、金狮立交等立交桥项目；组织完成了解放南路一带、宾馆一带积水改造及张兴庄地区、杨庄子工业区和三条河道排水系统的改造与建设，包括铺设管道、建设泵站、河道清淤、疏通等。实施的排水工程项目贯穿了市区大部分重点地区，解决了这些地区的雨后淹泡和排水不畅问题，建成后运行正常，效果明显。“十五”期间，完成东南郊一带、成林庄道及上杭路一带、复康路以南、南北仓一带、成林庄工业区、南郊外等成片排水工程，填补了这些地区的排水设施空白。2007年又完成了青凝侯淤泥填埋场工程，这些项目的成功实施均得到了世行官员们的好评。

新中国成立以来，天津公路建设投资主要依靠养路费和财政拨款，资金来源单一、匮乏，许多急需新建、改建的公路及桥梁项目由于资金短缺而无法实施，造成天津公路建设发展速度缓慢，整体水平基础差，一些干线公路的车流量已呈饱和状态，公路设施无论是路网分布还是等级标准，都呈现出十分滞后的局面，成了制约城市快速发展的瓶颈。改革开放以后，天津公路建设得到了较快发展，但仍不能满足天津经济的快速发展的需求。进入20世纪90年代以后，天津路网容量年均增长5.1%，而路网交通量年均增长9%，公路网实际通行能力已不能满足交通量需求。“九五”期间，按照交通部要求和天津公路发展规划，计划修建高速公路、新建扩建二级公路796公里，共需资金近200亿元人民币。如此巨大的投资单靠政府财力无法解决，必须走多渠道、多元化投资公路建设的新路子。为此，1994年7月，市政工程局成立了公路建设发展公司，负责公路建设项目的招商引资、工程建设、收费经营和公路养护管理工作。招商引资采取的主要方式是：盘活公路资产存量，将规划要改造和新建的旧路进行资产评估，活化为资本金，以此在境外寻求合作资本。先后与新加坡、日本和香港等十几家外商、港商签订了近百亿元的合作合同，组建了13家合作公司，共同建设经营了13个路（桥）项目。通过这种经营方式，实现了公路设施由资产型管理向资本化经营的转变，由单一投资主体向多元投资主体的转变。通过多年的探索实践，在公路建设资金来源渠道上，逐步形成了“国家投资、地方筹资、社会集资、国内贷款、利用外资”的多元化融资体制，天津公路建设投资开始步入良性循环。

自天津公路建设发展公司成立到如今的天津高速公路集团，已为天津高速公路建设累计融资800多亿元，完成30余个、总建设里程1700公里的路桥建设，负责887公里的高速公路运营工作，占天津高速公路运营总里程的80%。高速集团拥有8家全资子公司，参股天永、天昂、新展、津富、京津等23家高速公路中外合作公司。

天津市市政工程局充分利用国家加快交通基础设施建设的政策机遇，全方位融集资金，其方式是“引、贷、盘、收、滚”。“引”是靠项目引进外资和内资；“贷”是靠银行贷款，以存吸贷，贷存结合；“盘”是盘活资产存量，转让部分经营权换取一次性资金；“收”是收取通行费积累资金；“滚”是资金滚动，充分利用资金运转的时间差，发挥资金的最大利用值。经过不懈的努力，成功筹措了百亿多元资金，有力地推动了天津市政公路建设。

1998年，天津市市政工程局成立了天津市政投资有限公司，投资建设了快速路海津大桥和银河公园。2000年12月20日，经过资产重组，以市政投资公司为基础，成立了天津创业环保股份有限公司并成功上市，成为中国A、H股中首家以污水处理为主营业务的上市公司。该公司的运作，为天津的三大污水处理厂项目落实了外国政府贷款、国家开发银行贷款，还通过上市筹集了一部分资金，解决了项目建设和投资问题。在短时间内，新的融资形式使三大污水处理厂同时上马。

1998年，天津市市政工程局提出了“以土地开发获取市政建设资金，以市政建设促进房地产开发”的新思路，

▲ 1997年6月，津港合作建设的津保高速公路天津段签约

由刚组建不久的滨海市政建设发展有限公司贷款2亿元，承建国家增量项目友谊路延长线（友谊南路）工程及友谊南路跨陈塘庄铁路线立交工程，以此置换出梅江南3200多亩土地，通过对友谊路延长线两侧土地进行开发，获得收益补偿建设资金的不足。

解决市政公路建设项目资金不足问题的渠道之一是向银行贷款。2001年，天津市市政工程局与国家开发银行天津分行于3月和6月先后签署贷款合同，其中贷款15亿元用于建设津蓟高速公路工程（包括津围公路改造和九园公路改造工程）、丹拉高速三期工程；贷款7.4亿元人民币用于建设海河流域天津市污水处理工程（包括新建咸阳路污水处理厂、扩建纪庄子污水处理厂、新建东南郊一带排水系统工程）。2002年4月和6月，天津市市政工程局向光大银行天津分行贷款8亿元人民币，用于公路建设项目；贷款3亿元人民币，用于建设东南半环海津大桥工程。2002年11月，向国家开发银行天津分行贷款11.5亿元人民币，用于市政基础设施项目。

通过建立多渠道融资建设新体制，天津市市政公路建设走上了市场化、企业化运作的道路，积累了丰富的成功经验，为后来组建的城建集团、城投集团、创业环保集团、地铁集团、市政建设集团等大型施工企业和投融资企业集团，奠定了坚实的发展基础。

THE
EIGHTH
CHAPTER

第八章

市政公路行业的政治优势

TIANJIN MUNICIPAL

MEMORY

天 津 市 政 记 忆

"我们的优势"，是老市长李瑞环对中环线思想政治工作经验的高度概括。改革开放以来，天津市政建设能够持续快速发展，关键是市政公路系统各级党组织充分发挥政治优势，在一系列重点工程建设中，靠广泛深入、富有成效的党建思想政治工作，靠各级领导干部率先垂范和共产党员的先锋模范作用，靠一整套关心体贴群众的制度和方法，大大激发了广大职工的主人翁责任感和工作积极性，有效地推动了内部管理体制和经营机制的改革，创造出了许多一流工程。老市长李瑞环在外环线竣工通车典礼讲话中指出："特别是担负主体工程的市政工人吃大苦，耐大劳，连续作战，勇往直前，打出了威风，打出了水平，他们不愧是一支特别能战斗的过硬队伍"。市委书记张立昌在接见唐津高速公路建设者代表时称赞：市政工程局是一支能吃苦、过得硬的队伍，是特别能战斗的队伍，是市委、市政府信得过、靠得住的队伍。

市政工程局的政治优势主要体现在：

一是坚持开工先开课，实现责任的凝聚，带出能打硬仗的队伍。每项工程开工之前，都让干部职工明确工程的意义和肩负的责任，形成统一的意志和行动，教育干部职工不要把建一座桥、修一条路仅仅当作一项工程，而是把它作为为人民造福的实事来办，做到人人明确工程意义、人人明确工期目标、人人明确质量标准。中环线工程培育出了"中环线精神"，即不畏艰险、顽强拼搏的艰苦创业精神；先人后己、舍小家顾大家的自我牺牲精神；一丝不苟、精益求精的高度负责精神；团结一致、通力协作的共产主义精神。外环线工程培育出“外环线精神”，即艰苦奋斗、迎难而上的拼搏劲头；雷厉风行、说干就干的工作作风；顾全大局、克己为公的奉献精神；相互支援、团结协作的高尚风格。市区二级河道改造工程总结出了“四种精神”，即实践“三个代表”、落实“新三件事”的为民造福精神；敢打硬仗、连续作战的顽强拼搏精神；顾全大局、相互配合的团结协作精神；力求更好、一丝不苟的精益求精精神。

进入21世纪以后，经过对几代市政公路人优良传统和作风进行总结提炼，概括出了市政公路人要继承和发扬的“六种精神”：第一，始终把维护大局、勇于奉献作为我们坚决履行的政治责任；第二，始终把敢于创新、开拓进取作为我们努力保持的精神状态和工作状态；第三，始终把心系百姓、服务社会作为我们自觉秉承的工作宗旨；第四，始终把筑路育人、人才强企作为我们坚持实施的发展战略；第五，始终把强基创先、发挥优势作为我们奋发有为、实现市政公路事业跨越发展的重要保证；第六，始终把艰苦拼搏、攻坚破难作为我们不能丢掉、不可削弱的传统和优势。

二是坚持把目标喊响，实现工作目标的凝聚。中环线工程中，市政工程局党委提出了要创“速度、质量、效益、管理、协作、指挥艺术、文明施工”七个新水平的目标；在外环线施工中提出再上“施工速度、工程质量、基础管理、企业效益、文明施工、团结协作、人才工程”七个新台阶的目标；在放射线施工中提出，打好高速公路志气仗，打好市内工程水平仗，打好开发工程信誉仗，打好窗口竞赛升级仗；在高速公路施工中提出了“全党动员，讲党性、讲团结、讲拼搏、讲奉献；同心协力，上管理、上质量、上效益、上水平”的目标。

三是营造催人奋进的舆论环境，实现士气的凝聚。在重点工程建设中，借助宣传媒体，从不同角度、不同侧面宣传工程建设的重要意义，宣传市政工人的精神风貌，对外扩大市政职工在社会上的影响，对内激励职工以一种为民造福、无上光荣的自豪感全力投入工程建设，使整个工程带上“仙气”。1985年用了4个月完成中环线西半环；1986年用了6个月完成中环线东半环；1987年用了10个月完成外环线。1989年9月，交通部决定京津塘高速公路北京至杨村段要具备通车条件，为亚运会提供服务，市政工程局承担的30.4公里的施工任务，因受13场雨的影响，工期拖延了一个月。市政工程局党委组织了4000名精兵强将，经过一百多天的拼搏，终于在亚运会前高质量地完成了 75 万平方米的基层水泥级配碎石、36 万吨炒油、12 项附属工程的任务，创造了市政局筑路史上的又一奇迹。

四是在重点工程建设中，努力为职工排忧解难，实现感情的凝聚。在宣传、组织、动员职工的过程中，各级党组织十分注重关心职工生活。每到施工的紧张时刻，各施工单位都组织服务小分队，到一线职工家中帮助解决实际问题。在高速公路施工中，针对职工远离市区、集中食宿的特点，参建单位广泛开展创建文明村活动，结合各自不同特点建立了艰苦创业的“南泥湾村”、处处为职工着想的“连心村”、施工便民不扰农的“文明村”。

五是坚持“党政领导到一线，思想工作到现场，党的建设到工地，人才工程到岗位”的好传统。在多年的市政工程建设中，形成了过硬的干部作风。在每项重点工程建设中，市政局的各级领导都是深入一线，盯得住、想得细、抓得紧、真抓实干。中环线施工期间，两级机关四级干部深入一线，82 次调度会都是在现场召开。京津塘高速公路工程中，市政局全局上下形成了各级领导干部盯在施工现场、坐镇一线指挥的工作作风，实现了“三个转变”，做到了“五在现场”：由过去的现场办公转变为驻场办公；由过去一位局长抓高速转变为集体领导，8 名局领导干部有 6 名盯在高速；由过去派驻蹲点小组转变为成立工程指挥部，做到了领导干部在现场，技术干部在现场，管理干部在现场，行政干部在现场，政工干部在现场。

2007 年市政公路管理局重新组建以后，局党委认真贯彻科学发展观的要求，不断强化公共服务理念和城市发展理念，连续三年实施了以城市道路综合整修和里巷道路整修为主要内容的民心工程。在民心工程实践中，坚持把有限的资金用在刀刃上，下大力量解决群众最急需、最迫切、最受益的问题，不断扩大公共服务的覆盖面，让广大市民群众共享城市建设发展的成果。民心工程目标明确，措施具体，少花钱，多办事，在短期内使一批群众最关切的事得到切实解决。比如里巷改造、消除低洼积水点、彻底消灭土路、乡村公路改造、安装泵站除臭设备、在主干路中央设置安全岛等，这些项目让老百姓真正得到了实惠，改善了群众的出行条件和生活环境，深得民心。市政公路管理局还聘请社会各界人士担任社会监督员，请他们对设施管理部门进行监督、评议。同时，通过“12319”城建服务热线、行风坐标节目、公仆坐堂、政府热线电话、公仆走进直播间等载体为服务平台，广泛听取市民对市政公路设施养管工作的意见和建议，及时掌握市民群众对市政公路设施养管工作的满意度及关注重点，切实提高养管工作服务水平。

“向社会展示窗口，以真情服务群众”。市政公路行业开展窗口建设20多年，树立起了“为民造福、为民排忧，为民解难”的行业新形象。道桥处负责的市区干线道路始终保持了平坦无严重破损，因工掘路修复做到了“横向不过夜，纵向跟着走”。排管处便民服务小分队坚持对幼儿园、中小学、敬老院等127个单位义务服务。全国劳模、排水二所天塔站站长李福汉以发放“服务卡、信誉卡、联系卡”的形式对2.4平方公里管片内的排水用户提供“一条龙和全天候服务”，并总结出了“早接报，快赶到，守纪律，不打扰，干彻底，请签条，要回访，监督好”的24字便民服务法，被天津市总工会命名为“天津市职工十大先进工法”之一。

▲ 天津市市政工程局党委颁布《精神文明建设发展纲要》，每年召开政治工作会议，评选思想政治工作创新奖金、银奖（个人、论文），予以表彰

▲ 市政工程局党员大会

公路行业努力建造环保路、数字路、文化路；高速公路收费工作体现了“真诚服务在天津，智能服务在高速，理性服务在岗位”的服务理念；市政公路执法人员坚持寓文明执法、高效执法、廉洁执法于管理和服务之中，为群众缴纳规费提供方便，到施工现场办理审批手续。全局共聘请了500多名社会监督员，采取公布监督电话、定期走访用户等方式，多渠道听取社会及群众的意见，快速落实解决群众反映的问题，群众满意率不断提高。

THE
NINTH
CHAPTER

第九章

市政公路工程质量、施工技术、外埠开发、人才工程和科技进步及重点配套工程

TIANJIN MUNICIPAL

MEMORY

天 津 市 政 记 忆

一、市政公路建设工程质量

1. 发展概况

改革开放以来，市政公路建设始终坚持以工程建设质量为中心，以建立质量保障体系为重点，以强化监督检查为手段，以工程质量大检查为主线，狠抓各项规范、标准、制度的落实，严格基建程序，落实项目法人制、招标投标制、工程监理制、合同管理制，强化管理职责，规范建设市场，建立起了行之有效的“企业自检、社会监理、政府监督”三级质量保证体系，工程质量不断提高。天津市市政公路工程质量监督站坚持“标准高、管理严、一抓到底”的工作原则，按照“依法监督、履行程序、突出重点、把握源头、强化制度、做好服务”的工作思路，认真履行监督职责，采取有效措施，不断加强监督管理工作，使我市市政公路工程主体结构质量基本处于受控状态，未发生重大质量事故。工程质量水平实现稳定发展。

30 多年来，市政公路科技成果和工程质量获得多项全国大奖。市政公路行业获得的全国性奖项主要有：国家科技进步奖 4 项；1979 年全国科技大会奖 4 项；中国土木工程第一批詹天佑大奖 2 项；中国建筑工程鲁班奖 15 项；国家级优秀勘察设计奖 29 项，其中中环线工程获金奖；国家优质工程奖金奖 1 项、银奖 29 项；中国市政金杯示范工程奖 34 项，包括金钢桥、西河桥、海津大桥工程，和平路改造、外环线综合整治绿化及津河改造等工程。

2.1983—2015年市政公路工程获奖情况

1985—2010年市政公路行业获得的国家科技进步奖一览表

序号	项目名称	获奖单位	获奖等级	获奖年度
1	暗挖顶进法施工地下铁道工艺	天津市市政工程研究院	三等奖	1985
2	废旧沥青混合料再生利用技术及其应用	天津市市政工程研究院	三等奖	1988
3	京津塘高速公路工程建设成套技术	京津塘高速公路联合公司等	一等奖	1997
4	城市轻轨与高架桥梁抗震与减震控制研究及工程应用	天津大学 天津市市政工程设计研究院	二等奖	2008

1979年市政公路行业获得的全国科技大会奖一览表

序号	项目名称	获奖单位	完成时间
1	城市道路灰土路面结构层	天津市政工程设计院、天津市政工程研究院	1955—1972
2	地道桥施工新技术顶墩拉梁法、一次顶入法等	市政工程设计院、天津地铁工程公司、天津市政工程研究院	1965—1977
3	8吨液压沥青混凝土摊铺机	天津市政工程公司	1977
4	降低地下水射流泵	天津市政设计院7047工程设计组、天津地铁工程公司	1978

1999—2010年市政公路行业获得中国土木工程詹天佑大奖一览表

序号	项目名称	获奖单位	获奖等级	获奖年度
1	京津塘高速公路工程	京津塘高速联合公司、天津市政一公司、天津五市政公司等		1999
2	沪宁高速公路江苏段工程	天津五市政公司、天津市政一公司、天津市政三公司		1999

1986—2014 年市政设计院获得的国家级优秀勘察设计奖一览表

序号	项目名称	获奖单位	获奖等级	获奖年度
1	天津中环线道路工程	天津市市政工程设计研究院	金奖	1986
2	天津市疏港公路工程	天津市市政工程设计研究院	银奖	1989
3	长春市西解放大路立交工程	天津市市政工程设计研究院	铜奖	1991
4	上海市罗山路立交	天津市市政工程设计研究院	铜奖	1995
5	天津市东郊污水处理厂	天津市市政工程设计研究院	银奖	1996
6	吉林市临江门大桥工程	天津市市政工程设计研究院	铜奖	1999
7	上海市外环线莘庄立交工程	天津市市政工程设计研究院	银奖	2000
8	天津市滨海立交工程	天津市市政工程设计研究院	银奖	2001
9	天津市快速干道东南半环改造工程	天津市市政工程设计研究院	银奖	2002
10	天津中心城区快速路工程东风立交工程	天津市市政工程设计研究院	三等奖	2008
11	天津滨海国际机场扩建外部配套项目津汉公路—机场大道立交工程	天津市市政工程设计研究院	二等奖	2009
12	天津中心城区快速路工程凌西道、卫津南路立交工程	天津市市政工程设计研究院	二等奖	2009
13	京沪高速公路（天津段）二期工程	天津市市政工程设计研究院	一等奖	2011
14	天津市中心城区快速路河北大街立交工程	天津市市政工程设计研究院	三等奖	2011
15	西安浐灞河生态区 2 号桥工程	天津市市政工程设计研究院	三等奖	2011

续上表

序号	项目名称	获奖单位	获奖等级	获奖年度
16	威海—乌海高速公路天津西段工程	天津市市政工程设计研究院	二等奖	2011
17	天津集疏港公路工程京津塘二线收费站—疏港二线段	天津市市政工程设计研究院	三等奖	2011
18	津汕高速公路天津段工程	天津市市政工程设计研究院	二等奖	2011
19	海河开启桥	天津市市政工程设计研究院	一等奖	2011
20	中新天津生态城起步区基础设施市政工程	天津市市政工程设计研究院	三等奖	2011
21	京津高速公路工程	天津市市政工程设计研究院	二等奖	2011
22	唐山市中心城区环线工程	天津市市政工程设计研究院	三等奖	2011
23	天津市中心城区快速路工程（二期）西北半环南仓道铁东路立交	天津市市政工程设计研究院	一等奖	2012
24	天津团泊新城团泊新桥工程	天津市市政工程设计研究院	二等奖	2013
25	天津市中心城区快速路工程（二期）西北半环工程	天津市市政工程设计研究院	一等奖	2013
26	天津大道工程	天津市市政工程设计研究院	二等奖	2013
27	佛山市狮山至和顺公路主干线工程	天津市市政工程设计研究院	三等奖	2013
28	天津西站交通枢纽配套市政公用工程—市政道路工程	天津市市政工程设计研究院	二等奖	2013
29	佛山市一环快速干道西北环线工程	天津市市政工程设计研究院	三等奖	2013

1988—2015 年市政公路行业获得的中国建筑工程鲁班奖一览表

序号	项 目 名 称	获 奖 单 位	获奖年度
1	中山门立交桥工程	天津第一市政工程公司、天津市政工程公司	1988
2	京津塘高速公路工程	天津第一市政公路工程有限公司 天津五市政公路工程有限公司 天津第四市政建筑工程有限公司	1996
3	沪宁高速公路工程	天津第一市政公路工程有限公司 天津五市政公路工程有限公司	1997
4	顺驰桥（卫国道立交）工程	天津第二市政公路工程有限公司 天津第一市政公路工程有限公司	1999
5	京沈高速公路（天津段）宝坻大桥工程	天津第三市政公路工程有限公司	2000
6	津塘公路互通式立交工程	天津第一市政公路工程有限公司	2001
7	津晋高速公路（天津东段）汉港公路互通式立交工程	天津五市政公路工程有限公司	2003
8	快速昆仑路卫国道立交工程	天津第一市政公路工程有限公司	2005
9	快速路东风立交桥工程	天津第三市政公路工程有限公司	2007
10	天津滨海国际机场外围交通配套机场大道立交工程	天津城建集团有限公司 天津第二市政公路工程有限公司	2008
11	快速路南仓道铁东路立交桥工程	中铁六局集团有限公司 天津第六市政公路工程有限公司	2010—2011
12	塘汉快速路永定新河特大桥	天津城建集团有限公司	2010—2011
13	团泊新城团泊新桥工程	天津第一市政公路工程有限公司 中铁一局集团有限公司	2012—2013
14	张贵庄污水处理及再生利用一期工程	天津第二市政公路工程有限公司 河北省安装工程有限公司	2012—2013
15	外环北路北延跨永定新河大桥工程	天津市公路工程总公司	2014—2015

1983—2014 年获得的国家优质工程奖一览表
（引滦入津工程为金奖，其余项目均为银奖）

序号	项目名称	获奖单位	获奖年度
1	十一经路立交桥工程	天津第一市政工程公司 天津第三市政工程公司	1983
2	引滦入津工程	天津市市政工程局等	1984
3	纪庄子污水处理厂	天津第三市政工程公司 天津第四市政建筑工程公司 天津市排水管理处	1985
4	中环线（西半环）道路工程	天津第一市政工程公司 天津第二市政工程公司 天津第三市政工程公司 天津五市政工程公司 天津市政工程器材公司	1986
5	八里台立交桥	天津第三市政工程公司	1987
6	中环线（东半环）道路工程	天津第一市政工程公司 天津第二市政工程公司 天津第三市政工程公司 天津五市政工程公司 天津市政工程器材公司	1987
7	大连香炉礁立交工程	天津市第三市政工程公司	1989
8	外环线二期工程	天津城建集团有限公司 天津第一市政公路工程有限公司 天津第二市政公路工程有限公司 天津第三市政公路工程有限公司 天津五市政公路工程有限公司 天津市公路工程总公司 天津市道桥工程公司	2000
9	唐津高速二期铁路东南环线立交工程	天津五市政公路工程有限公司	2001
10	港塘互通式立交工程	天津市公路工程总公司	2003

续上表

序号	项目名称	获奖单位	获奖年度
11	津蓟高速公路工程	天津第一市政公路工程有限公司 天津第二市政公路工程有限公司 天津第三市政公路工程有限公司 天津第四市政建筑工程有限公司 天津五市政公路工程有限公司 天津城建集团有限公司 天津市公路工程总公司 中国航空港建设总公司 中国第一航务工程局 中国路桥（集团）总公司 天津第三建建筑工程有限公司 北京铁路建设集团有限公司 路桥集团第一公路工程局天津工程处 天津市政公路设备工程有限公司 山西乾通公路工程机械有限公司 天津市环路公路设施有限责任公司 北京泰克公路科学技术研究所 邢台路桥建设总公司	2004
12	金钟河大街立交工程	天津城建集团有限公司	2005
13	快速环路津塘公路立交工程	天津城建集团有限公司	2005
14	咸阳路污水处理厂工程	天津第三市政公路工程有限公司	2006
15	京珠国道主干线武汉军山长江公路大桥	天津五市政公路工程有限公司等	2006
16	快速路南横奉化桥工程	天津第六市政公路工程有限公司	2007
17	凌西道—卫津南路立交	天津第一市政公路工程有限公司	2007
18	北仓污水处理厂工程	天津城建集团有限公司	2007
19	天津地铁1号线（双林至刘园站全线及车站）工程	天津市城建集团有限公司等	2008

续上表

序号	项目名称	获奖单位	获奖年度
20	海河综合开发项目富民桥工程	天津城建集团有限公司	2009
21	密云路立交工程	中铁四局集团有限公司	2010
22	津汕高速公路团泊南互通立交工程	天津市五市政公路工程有限公司 天津第一市政公路工程有限公司	2010
23	快速路河北大街立交工程	天津天佳市政公路工程有限公司 天津第一市政公路工程有限公司	2010
24	天津集疏港公路二期南段工程津晋高速互通立交	天津城建集团有限公司	2011—2012
25	天津大道工程	中铁一局集团有限公司 天津五市政公路工程有限公司 天津城建集团有限公司	2011—2012
26	津宁高速田辛庄互通立交工程	天津市公路工程总公司	2011—2012
27	国道112线高速天津东段永定新河特大桥工程	中铁十四局集团第二工程有限公司	2011—2012
28	天津地铁3号线工程	天津路桥建设工程有限公司 天津第六市政公路工程有限公司 天津城建集团有限公司 天津第二市政公路工程有限公司 天津第三市政公路工程有限公司 天津第一市政公路工程有限公司	2013—2014
29	国道112线天津东段汉沽北互通立交工程	天津路桥建设工程有限公司 天津第六市政公路工程有限公司	2013—2014
30	滨海新区中央大道海河隧道工程	中铁十八局集团有限公司	2013—2014

3. 各类获奖奖牌、证书等

▲ 津蓟高速工程获国优银奖

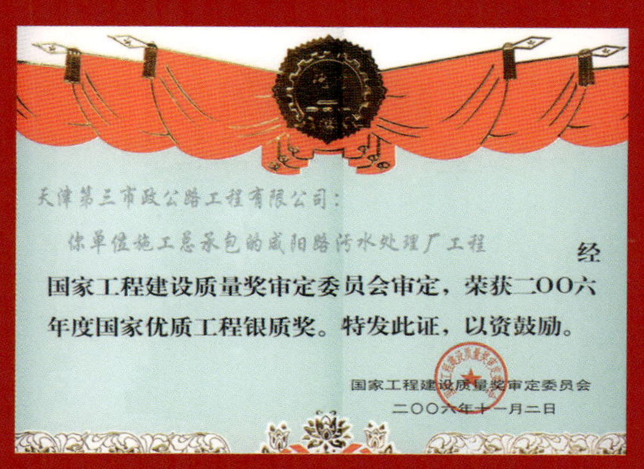

▲ 咸阳路污水厂工程获国优银奖

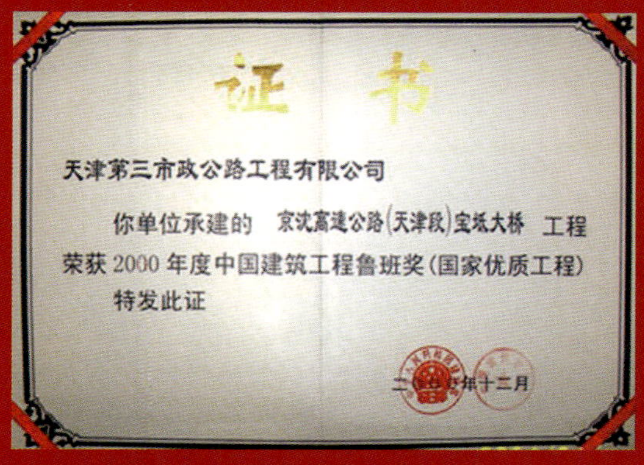

▲ 京沈高速宝坻大桥获鲁班奖

▲ 沪宁高速获鲁班奖

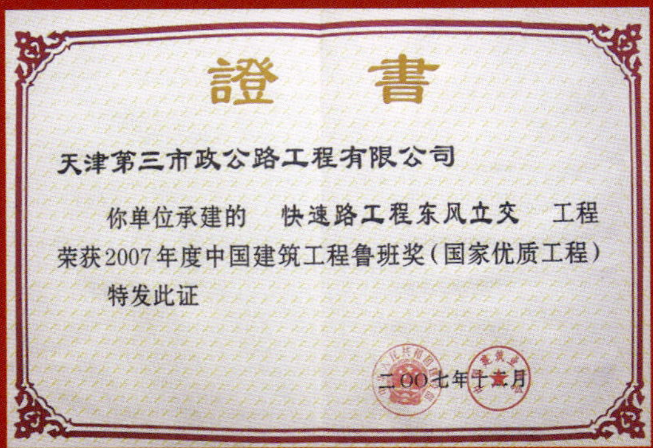

證 書

天津第三市政公路工程有限公司

你单位承建的 快速路工程东风立交 工程荣获2007年度中国建筑工程鲁班奖（国家优质工程）

特发此证

二〇〇七年十二月

▲ 快速路东风立交工程获鲁班奖

天津第三市政公路工程有限公司：

你单位承建的天津地铁3号线工程 荣获 2013－2014年度国家优质工程奖。

特发此证。

中国施工企业管理协会

二〇一四年十一月二十一日

▲ 地铁 3 号线工程获国优奖

證 書

天津第三市政公路工程有限公司

你单位参加建设的 天津滨海国际机场外围交通配套机场大道立交 工程荣获2008年度中国建设工程鲁班奖（国家优质工程）

参建内容 部分工程

特发此证

二〇〇八年十二月

▲ 机场大道立交工程获鲁班奖

證 書

天津天佳市政公路工程有限公司

你单位参加建设的 天津团泊新城团泊新桥 工程荣获2012～2013年度中国建设工程鲁班奖(国家优质工程)

参建内容 钢结构工程

特发此证

二〇一三年十二月

▲ 团泊新桥工程获鲁班奖

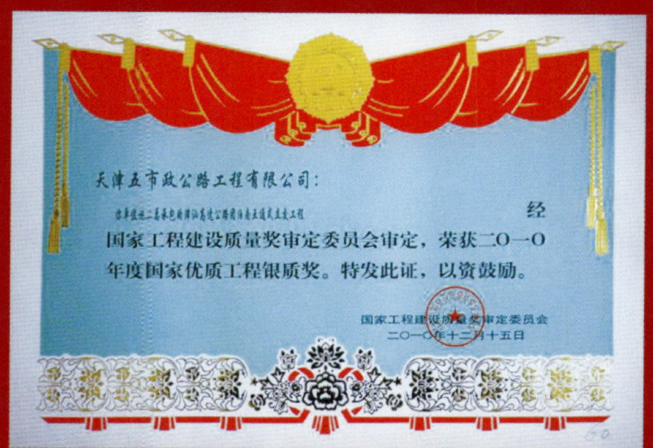

天津五市政公路工程有限公司：

经国家工程建设质量奖审定委员会审定，荣获二〇一〇年度国家优质工程银质奖。特发此证，以资鼓励。

国家工程建设质量奖审定委员会

二〇一〇年十二月十五日

▲ 津汕高速团泊南立交获鲁班奖

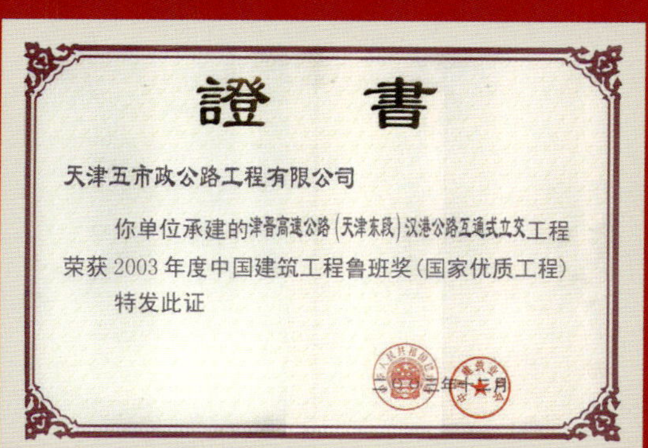

證 書

天津五市政公路工程有限公司

你单位承建的津晋高速公路（天津东段）汉港公路互通式立交工程荣获2003年度中国建筑工程鲁班奖（国家优质工程）

特发此证

▲ 津晋高速汉港立交获鲁班奖

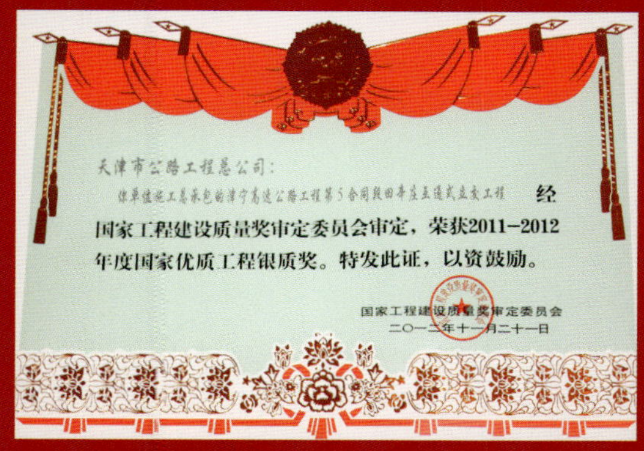

天津市公路工程总公司：

你单位施工总承包的津宁高速公路工程第5合同段田莘庄互通式立交工程 经国家工程建设质量奖审定委员会审定，荣获2011–2012年度国家优质工程银质奖。特发此证，以资鼓励。

国家工程建设质量奖审定委员会

二〇一二年十一月二十一日

▲ 津宁高速田莘庄立交获国优银奖

證書

二〇〇九年度火车头优质工程

一等奖

工程名称：沿海公路乐亭到冀津界段T5、T6合同段

获奖单位：天津市公路工程总公司

中国铁道工程建设协会

二〇〇九年十二月

▲ 沿海高速乐亭至冀津界段获奖

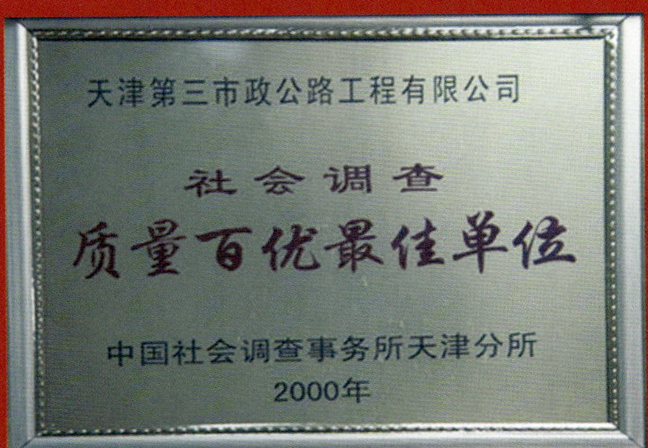

▲ 荣获中国社会调查质量百优最佳单位奖

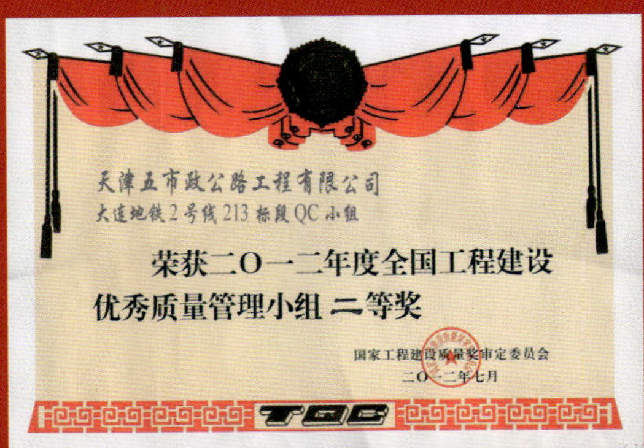

▲ 荣获全国市政工程建设优秀质量管理小组二等奖

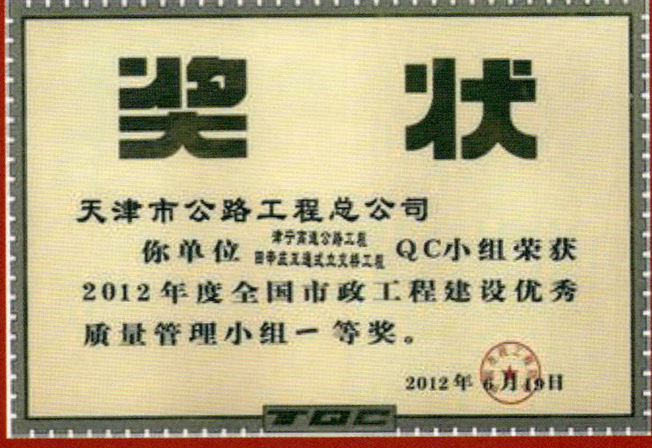

▲ 荣获全国市政工程建设优秀质量管理小组一等奖

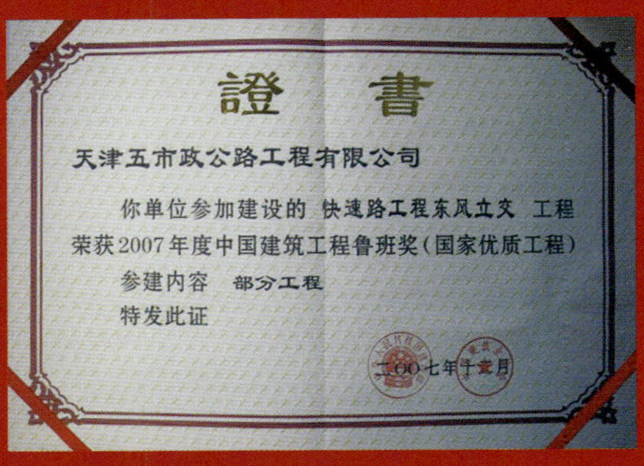

▲ 荣获 2007 年度中国建筑工程鲁班奖

▲ 中环线工程获全国设计金奖

▲ 东郊污水厂获全国设计银奖

▲ 荣获第八届优秀工程设计铜奖

▲ 荣获第九届优秀工程设计银奖

二、市政公路工程施工技术和能力实现大飞跃

1. 道路工程设计、施工技术及装备

20世纪80年代，研究发展了石灰土用作道路路面基层材料新技术，疏港公路工程在国内率先使用粉煤灰、钢渣作为道路基层材料并获成功。20世纪90年代以京津塘高速公路建设为标志，形成了包括软土路基处理技术、石灰粉煤灰基层施工技术、水泥稳定级配碎石基层施工技术和沥青路面摊铺自动找平工艺在内的一整套高速公路施工工艺和技术，同时研发、推广应用了重交通沥青、改性沥青、土工织布、钢纤维水泥混凝土、乳化沥青、复合式路面等新技术、新材料，软土地基综合加固技术和软土路基沉降控制方法的研究达到国内领先水平。

改革开放以来，随着市政建设的加快发展，市政工程局加快提高机械化装备水平，购置、引进、改装、研制了一大批现代化机械设备，大大提高了施工能力。过去用“黄翻斗”浇筑一联混凝土箱梁，最短要三个昼夜，长则七个昼夜，中环线东半环施工中使用了混凝土浇罐车、输送泵，同样的工程量最快只要一昼夜，极大地提高了工作效率。在京津塘高速施工中，大型专业设备全部替代了农业机械，引进了数百台套的先进的大型专业设备，有胶轮压路机、带振动的压路机、大型灰土拌和机、沥青混凝土摊铺机、具有自动功能的平地机、大型粒料拌和设备、红外线热敏仪和成套的质量检测设备等，1990年京津塘高速公路30.4公里通车段施工高潮时，全局投入了各种类型筑路、架桥机械设备600多台，大型运输车辆400多部，为工程的如期完成创造了良好的物质条件。大型专业施工设备的引进，使市政公路施工队伍的施工技术和能力达到了一个新的高度。市政一公司深圳分公司和成都分公司在广深高速公路、佛山南北四线、成都三环线等工程中，首次使用水泥混凝土摊铺机铺筑路面，填补了市政工程局水泥混凝土道路路面摊铺施工技术的空白。

道桥设施养护维修方面，1983年道桥处建立灰土预拌厂，解决了市区补路就地拌灰土带来的污染问题；1984年研制冷式铣刨路面机成功，效率比人工提高40倍；1987年研制成灰土拌和生产线，生产能力1500～2000吨/天，到20世纪90年代初，市政道路、公路和高速公路施工以及日常养护维修等，全部实现了机械化作业。

▲ 大型路面摊铺机

▲ 路拌机

▲ SMA 公路沥青路面施工

▲ 道路面层机械化施工

▲ TSAP-2000AS 型沥青混凝土搅拌站

▲▲▲▲ 公路施工现代化机械设备

▲ 公路总公司沥青拌和厂沥青炒油设备

公路路面改性沥青施工

市政科研院研制的废胶粉改性沥青混合料在摊铺碾压

市政科研院研制的排水性沥青混合料在摊铺碾压

2. 桥梁工程设计、施工技术及装备

十一经路立交首次采用连续梁结构体系，突破了传统采用的单一简支梁结构形式；“三环十四射”大型立交、上海罗山路及莘庄立交等工程的实施，标志着市政工程局在城市立交设计理论、立交造型、交通分析、方案评价等方面处于国内领先水平。预应力混凝土连续梁桥体系的设计和施工技术达到成熟阶段，奠定了天津城市立交设计、施工技术在全国的领先地位。海河开发改造中的桥梁建设，使特种桥梁结构得到大力发展，海河响螺湾开启桥的建成，标志着天津特种桥梁设计与建造实现了新的突破。海河沉管隧道的设计与建造填补了天津市在深基坑、大型干坞、沉管施工工艺等方面的空白。天津的桥梁建设技术发展，正在向轻质、高强、大跨度、桥型多样化和预制装配化方向发展，一些桥梁工程已经处于国内先进或领先水平。目前天津的桥梁已基本囊括了各种类型，大跨度桥梁有斜拉桥、悬索桥、钢管拱桥、钢桁架拱桥、预应力混凝土连续箱梁桥，中小跨径桥梁有板梁桥、T 形梁桥、连续箱形梁桥、T 形刚构桥、连续刚构桥等桥型。

▲ 市政一公司运用 PZ 架桥机建设苏嘉航 A5 标斜港大桥

◀ 十一经路立交桥首次采用连续梁结构体系，突破了传统采用的单一简支梁结构形式

▲ 中央大道海河沉管隧道工程

3. 排水与污水处理厂工程施工技术

1980 年建成第一座地下排水泵站——西站泵站；2005 年，友谊路排水工程首次采用管道维修非开挖技术；2007 年，海河开发改造新建 3 座全地下式排水泵站，地面以上用于城市景观或绿化建设，其设计施工属国内首例。污水处理技术，纪庄子污水处理厂建设取得曝气活性法二级生化处理工艺等 10 多项国家级科技成果，东郊污水处理厂成功引进采用了法国先进的计算机监控系统、A/O 工艺、沼气发电设备和技术，标志着我市污水处理厂设计技术已达到国际先进水平。

▲ 生产排水管道

▲ 排水工程悬辊法施工

▲ 排水方涵工程施工

▲ 污水处理厂沼气锅炉

▲ 污水处理厂沼气发电机

4. 轨道交通隧道工程施工技术及装备

城建隧道公司从承建天津地铁 1 号线工程起，引进日本土压平衡盾构机 6 台，机械设备能力居北方地区首位，填补了天津地区盾构施工的空白，并成功进入沈阳、南京、哈尔滨等外埠的地铁工程建设市场。

▲ 城建隧道公司引进的地铁盾构机

▲ 地铁工程盾构机在施工

▲ 成形的地铁隧道

三、市政行业走向市场，致力于外埠开发与多种经营

1. 外埠开发与多种经营发展情况概述

早在20世纪60年代，天津市市政工程局多次派出工程技术人员和技术工人参加援外工程建设，为蒙古、巴基斯坦、赞比亚、南也门等发展中国家的公路建设做出了贡献。20世纪80年代改革开放初期，市政工程局党委适时地提出了局施工企业由计划经济向市场经济转轨的决策，“提笼放鸟”，激励企业走出局，开辟局外市场；走出市，开辟市外市场；走出国，开辟国际市场。1985年，应杭州市政府邀请，市政设计院、市政一公司承担了当时华东首座城市立交杭州清泰门立交的设计、施工任务，首战告捷，由此增长了全局设计和施工企业走向市场的信心，市政设计院和各施工企业纷纷进入国内市政建设市场。市政设计院在完成清泰门立交设计后，又承揽了大连首座立交香炉礁立交的设计以及吉林、长春、昆明、呼和浩特等地立交设计任务，1991年接受时任上海市长朱镕基的邀请，完成了杨高路、共和新路、莘庄等大型立交设计，由此走向全国。市政开发公司组建了海南分公司，以独立法人资格参与当地开发建设，为市政工程局所属企业首次在外地设立办事机构。市政施工企业的对外开发，经历了由小到大、由点到面、由被动到主动、由施工型到管理效益型的发展过程。

20世纪90年代中期，市政工程局党委提出了外埠工程经营开发的战略目标：从市场经济的需要出发，面向全国建设市场。在全国主要城市建立基地，形成网络，就近辐射，巩固西南（四川）、占领两江（长江三角洲和珠江三角洲）、开发两北（华北和东北）、挺进海南，并提出实施战略的四个步骤：第一步，打出去，创信誉，首战必胜，树立形象；第二步，站住脚，扎下根，建立基地，扩大市场；第三步，抓主业，揽副业，多种经营，量力而行；第四步，成规模，集团化，揽大工程，创大效益。在市政工程局党委的指导推动下，市政设计院先后在上海、烟台、吉林、海南、宁波和福州等地建立了驻外分院，1991年市政设计院与一航院合作，中标毛里塔尼亚首都努瓦克肖特市供排水工程，走出了国外。市政一公司在深圳、成都和苏州成立了分公司，在当地注册，进行独立经营核算，中标承揽了广深珠高速公路、佛山南北四线、成都三环线、成都府青路立交、绵阳飞来石大桥、沪宁高速苏州段等工程；市政五公司在江苏常州成立了分公司，和市政一公司、市

政三公司所承建的沪宁高速公路江苏段工程同获中国土木工程詹天佑奖。1998年，以市政局原施工企业为基础组建了城建集团，城建集团在承揽的外埠工程中以其一流的质量、精湛的工艺、完美的造型、真诚的服务赢得了业主与用户的好评。到2010年，天津市政设计、施工队伍已在长城内外、大江南北创出了信誉，足迹遍布浙江的杭州、温州、绍兴、宁波；江苏的南京、苏州、无锡、常州、昆山、靖江、南通；福建的福州、厦门；广东的广州、东莞、深圳、佛山、珠海、南海；海南的海口；四川的成都、绵阳；山东的东营、青岛、潍坊；山西的太原；河北的秦皇岛、石家庄、邢台、唐山、保定；吉林的长春、吉林市；辽宁的沈阳、大连；湖北的黄石；内蒙古的呼和浩特；安徽的蚌埠以及上海、重庆等16个省市自治区的30多个城市及地区。到20世纪90年代中期，外埠施工产值已接近或超过全局市内工程产值。

截至1997年底，全局共实现外埠施工产值34亿元，上交各母公司和自身实现利润3.8亿多元。不仅城市路桥、高速公路、污水处理、地铁等主业遍地开花，而且涉足房地产、农业生态等多项领域，并取得了较好的社会效益和经济效益，形成了以天津市为中心、辐射全国的全方位对外经营开发发展新格局。

2. 市政公路工程设计

市政设计研究院坚持“以质量求生存，以创新谋发展，以服务赢信誉，以品牌占市场”的经营宗旨，在城市快速路和高速公路系统、大跨度桥梁以及异形结构桥梁、大型互通立交、城市隧道、软土地基处理等设计技术和大型给排水、污水处理、再生水利用等综合设计技术等方面处于国内领先地位。除承担市内重点工程设计任务外，还先后承接了国内27个省市及部分国家和地区的城市基础设施建设项目，其勘测设计成果有代表性的有：上海罗山路、共和新路和外环线莘庄、长春西解放大路等立交桥；佛山石湾东平水道特大桥、延边延吉大桥、宁波鄞州大桥等跨河桥；长春快速路系统；绍兴污水外排工程、沈阳北部及郑州马头岗污水处理厂；沈阳、北京、大连、乌鲁木齐等城市的地铁工程设计等。

◀ 上海外环线莘庄立交桥

◀ 上海共和新路立交桥

▼ 长春西解放大路立交桥

▲ 吉林市江湾大桥

▶ 宁波市世纪大道北延一期工程

◀ 石家庄地铁 3 号线工程

◀ 郑州马头岗污水处理厂

▼ 市政科研院设计的梅江南湖心岛开启桥

▲ 市政一、三、五公司承建的沪宁高速公路江苏段

▲ 沪宁高速公路江苏段

▲ 市政一公司深圳分公司承建的广深珠高速公路

3. 高速公路及普通干线公路工程施工

京津塘高速公路工程培育出了一支能适应国际施工规范的高素质的施工队伍。京津塘高速建成以后，市政工程局所属施工企业纷纷进入国内高速公路建设市场，先后承接了广东广深珠，江苏沪宁、宁宿徐，山西太旧，河北京石、石安、石太、石阳，内蒙古呼包等高速公路建设。城建集团成立后，又相继中标承揽了江苏苏嘉航，河北石黄，山东临红，福建福泉、泉三、宁武，江西武吉，湖北京珠、汉宜、武汉绕城，河南南邓、湖南长韶娄等高速公路工程，天津城建集团以“天津城建铁军”的品牌和雄厚的实力，跻身于国内公路建设的名师劲旅行列。

▲ 广深珠高速公路

◀ 市政一、五公司承建的京珠高速公路石安段

◀ 市政一公司承建的太旧高速公路

▲ 五市政公司承建的福建泉三高速公路三明段

▲ 五市政公司承建的武汉绕城高速公路

▲ 城建集团承建的福建宁武高速公路

▲ 广东广河高速公路惠州段

◀ 市政公路局广河项目部代建的广东广河高速公路项目

◀ 市政一公司深圳分公司采用水泥混凝土摊铺机铺筑成都三环路，填补了市政工程局水泥混凝土路面施工技术空白

▲ 市政一公司深圳分公司采用水泥混凝土摊铺机铺筑广东佛山南北四线公路网

▲ 公路总公司承建的河北省 T6 沿海高速公路工程

▲ 公路总公司承建的十天高速公路（甘肃段）工程

▲ 城建集团承建的宁波机场快速干道高架桥工程

4. 大型立交和跨河桥梁施工

天津城建集团承担的代表工程有：山西太旧高速公路聂家庄特大桥；市政一公司承建的杭州清泰门立交、苏嘉杭高速公路斜港大桥；市政三公司承建的大连香炉礁立交桥、安徽怀远涡河三桥及荆涂淮河大桥、浙江绍兴镜湖大桥；五市政公司承建的武汉军山长江大桥和杭州湾跨海特大桥桥面铺装工程；市政公路七公司承建的江西贵溪大桥、锦州小凌河大桥；总承包公司承建的北京玉带河大桥、通州东关大桥等；路桥建设公司承建的成都二环交大路口立交桥；滨海路桥公司承建的武汉天兴洲公铁两用长江大桥桥面铺装工程等。

打开外埠市场的首个项目是杭州清泰门立交工程。1985 年，由天津市市政设计院设计、天津市市政一公司承建的杭州首座立交清泰门立交建成通车。这座立交跨越环城东路、铁道和河道。自此，天津市政设计、施工队伍开始在外埠打开和拓展市场，创出信誉和品牌。

▲▲▲ 华东地区首座立交桥——杭州清泰门立交桥

▲ 市政三公司承建的大连首座立交香炉礁立交桥

▲ 市政一公司成都分公司承建的四川绵阳飞来石大桥

▲ 市政三公司承建的安徽怀远涡河三桥

▲ 市政一公司成都分公司承建的成都老成渝立交桥

▶ 五市政公司承建的武汉军山长江大桥钢桥面铺装工程

▶ 路桥建设公司承建的 G318 金沙江大桥

▶ 五市政公司承建的杭州湾特大桥桥面铺装工程

▲ 路桥建设公司承建的四川绵阳南河大桥

▲ 城建集团承建的山西临汾汾河大桥

▲ 市政三公司承建的安徽怀远荆涂大桥

▶ 市政七公司承建的江西贵溪大桥

▶ 滨海路桥公司承建的武汉天兴洲长江大桥钢桥面铺装工程，是国内首次在超大型钢桥桥面铺装中使用国产环氧沥青

▶ 市政七公司承建的锦州小凌河桥工程

5. 建筑顶升平移项目

▲ 城建总承包公司承揽的天津西站顶升平移工程

▲ 城建集团承建的泉州濠景大厦平转平移工程

6. 污水处理厂工程

▲ 市政三公司承建的无锡芦村污水处理厂

▲ 城建总承包公司承建的广东湛江霞山污水处理厂总承包项目

▲ 城建总承包公司承建的杭州七格污水处理厂

▲ 市政三公司承建的长春污水处理厂

7. 地铁工程

▲ 五市政公司承建的大连地铁工程

◀ 市政二公司、隧道公司承建的沈阳地铁工程

◀ 隧道公司承建的南京地铁 1 号线南延线工程

8. 市政公路试验与检测

▲ 市政研究院承揽的西藏昌都生格北大桥工程成桥荷载试验项目

▲ 市政研究院承揽的杭州钱江三桥荷载试验

▲ 市政研究院承揽的浙江上虞杭甬运河桥施工监控项目

9. 房地产开发

代表工程主要有：市政建设开发公司承建的鞍山西道学湖里、青果青城、水岸澜轩、清华瑞景五福街危改二期等居住小区和铭朗国际广场等项目；城建长城房地产公司开发的天津长城公寓、雅川家园、旭水蓝轩，呼和浩特市泰和·尚都等小区项目；市政四公司承建的胜利宾馆、蓟县市政休养所、中德培训中心、梅江翠水园项目；松江公司开发的天津梅江南汐岸国际、松江城、高尔夫小镇、百合阳光居住区项目，呼市阳光诺卡项目等。

◀ 市政开发公司开发的鞍山西道蛇形楼住宅工程

▼ 城建集团长城房地产开发公司开发的长城公寓

▲ 市政开发公司承建的梅江南住宅小区

▲ 城建长城公司开发的龙胤溪园小区

市政建设集团松江公司开发的梅江南水岸公馆

市政建设开发公司开发的静海清华瑞景小区

城建长城公司开发的呼和浩特泰和·尚都项目

10. 多种经营开发

▲ 蓟县市政休养所

▲ 塘沽胜利宾馆

▲ 市政开发公司经营的高速公路专家招待所（现为时代宾馆）

▲ 市政建设集团松江公司开发的静海生态林项目

▲ 市政建设集团松江生态公司开发的津南国家农业科技园松江乡村俱乐部

▲ 滨海市政公司经营的梅江俱乐部（小岛酒店）

▲ 城建设备公司生产的军用越野叉车获全军科技进步一等奖

▲ 滨海市政公司经营的梅江南大岛酒楼

▲ 城建集团与外方合作经营的天诚丽笙世嘉酒店

▲ 市政建设集团团泊公司开发的松江田园高尔夫俱乐部

四、市政公路人才工程建设取得丰硕成果

从面向四化、面向未来的战略需要出发，20 世纪 80 年代初，市政工程局党委即把人才工程作为一项战略任务来抓，努力探索人才发现、培养、使用的规范化、制度化的新路子，坚持重培养、重选拔、重激励、重管理。

一是以局党校、市政工程学校、市政技工学校和市政干部中专学校（局教育中心）为市政职工培养和培训基地，培养市政公路专业管理人才和工程一线应用型技术人才。改革开放以来，局教育中心已向天津市政公路系统及城建系统近百家大型施工企业集团、养管单位输送了两万多名人才，其中通过职前、职后学历教育和培训的学生、学员大多数都在各级领导岗位及市政、公路、地铁施工与管理一线从事设计、技术、施工及管理工作和技术工种操作工作。2014 年，投资 1.2 亿元建成了面积为 21350 平方米的新校区，为培养更多的城市建设和管理人才创造了良好的物质条件。

二是舍得智力投资，定向培养大学生。1983 年以来，局投入 250 万元在上海同济大学、西南交通大学、天津大学等全国 10 所名牌大学、14 个专业代培了 250 名大学毕业生，以后每年招收 100 多名应届毕业生，毕业后安排他们到各个基层岗位经受锻炼。

三是以市政工程带动人才工程，力推青年知识分子上岗，为他们展才亮智立梯子、搭舞台，让他们唱主角、挑大梁。中环线工程中，培养锻炼了 218 名青年指挥员。建设十一经路立交桥时，是老

▲ 市政工程学校新校址

▲ 新校区教学实训楼

局长胡晓槐亲自挂帅指挥，经过几年人才工程的实施，到外环线建设时，全线10座大型桥梁工程，都是由青年担任指挥；纪庄子污水处理厂工程，推小卒子过河，让青年知识分子任项目指挥。局党委把青年人才放到重点工程，培养他们敢打硬仗、通盘运筹的组织能力；放到困难企业，培养他们迎难而上、开创局面的创新能力；放到外埠工程，培养他们独立作战、解决难题的应变能力；放到领导岗位，培养他们维护大局、全面发展的协调能力。市政工程局筑路育人双管齐下，每完成一项工程，既出成果，又出人才。市委、市政府领导称赞市政局领导班子，称其在架桥修路工程中架设了两座桥：一座是沟通城市道路交通的立交桥，另一座是通向未来的“人才桥”。

四是开展技术比武，鼓励青年本岗成才、本岗立功。中环线施工中，全局生产一线的7个重要工种、13个关键技术工序，都开展了“争最佳、当能手、立足本岗成才”竞赛活动，为鼓励青工学技术，局多次组织青工技术能手大赛，评选10个工种的技术能手和状元，给予奖励，同时在局科技大会上表彰十佳青年科技工作者，给予浮动一级工资一年的奖励。自1998年起，市政工程局注重抓好“三个培训”：一是抓好高层次的技术和管理人员的培训，包括经营决策层、技术带头人和关键岗位人员；二是抓好工人关键岗位的培训，包括高级技术工人的培训、各种机械操作手的培训；三是以继续教育为手段，推动全局科学技术的发展和成果的转化。此后几年，先后与东南大学、同济大学、哈工大、对外经贸大学等高等院校联合办学，为市政公路事业培养一批高级管理和专业技术人才。

五是组织专业培训，提高青年干部整体素质。局党委建立了处科级干部、后备干部培训制度，组织安排青年干部参加中青年干部培训班、处级干部及助理人员研修班、正规办学继续教育大专班，输送优秀人才出国考察培训等，更新知识，提高自身素养。

六是建立激励机制，留住人才、凝聚人才。市政工程局党委每两年召开一届人才工作会暨青年知识分子工作会，到2011年共召开了八次。相继推出了奖励住房、电脑、研究生享受副处级调研员待遇，设立40万元人才发展基金等一系列政策，同时切切实实地为青年人才解决生活中遇到的实际困难，让他们体会到组织的关怀、大家庭的温暖，坚定他们献身市政事业的信心和决心。

正是由于人才观念的超前，人才战略的实施，在一系列重点工程的历练中，

▲ 市政工程局人才工作会暨青年知识分子工作会议

▲ 青年技术骨干座谈会

▲ 青年知识分子创新科研课题成果发布会

在全局营造的尊重知识、尊重人才的氛围中，一大批青年人才脱颖而出，使得市政公路规划设计、建设养管队伍呈现出人才济济、千帆竞发、百舸争流的局面。从建国起到 2010 年，市政局有 5 人被评为全国劳动模范，18 人被评为全国建设、交通系统劳动模范，243 人被评为市级劳动模范。改革开放以来，一大批经过实践锻炼的青年人才相继走上各级领导岗位，挑起了市政公路建设的重担，共有 65 人被提拔为副局级及以上领导干部，其中 33 人被提拔交流到市委、市政府，各区县、委办局及大型国有企业集团担任重要领导职务，在 33 名提拔交流干部中有市级领导 3 人，各区县、委办局及大型国有企业集团局级领导 30 人。截至 2013 年年底，市政公路管理局拥有中国工程设计大师 2 人，天津市授衔专家 2 人；享受政府特殊津贴人员 34 人。各类专业技术人员 2694 人，其中包括：工程技术专业，有正高级工程师 173 人、高级工程师 693 人、高级建筑师 5 人、工程师 782 人、建筑师 11 人；会计审计专业，有高级会计师 32 人、会计师 59 人、审计师 2 人；统计专业，有高级统计师 7 人、统计师 1 人；经济专业，有高级经济师 22 人、经济师 28 人等。

五、市政公路科技进步

为不断提高市政建设水平，1989 年市政工程局第一次科技工作会议就提出了“科技兴局”的战略决策，明确了企业发展必须依靠科技，提高效益必须依靠科技，加强管理必须依靠科技的指导思想，始终坚持“以科研为先导，科技成果转化为核心，经济效益为目标”的科技工作方向，一方面针对天津市市政建设与国内外先进技术水平的差距，认真制定每个五年期科研规划，狠抓落实；另一方面建立制度，健全组织，形成了每两年召开一次局科技工作会议制度，建立了总工程师负责下的科技工作组织系统，设立了科技发展基金和科技奖励制度，成立了以组织开展群众性技改技革、合理化建议活动为主要任务的局职工技术协委员会，为加强工程项目规划前期技术工作力度，成立了以局内老专家为主的局技术委员会。坚持不断完善科技投入机制，不断加大科技投入力度，局制定了奖励办法，调动了科技人员钻研和推广先进技术的积极性。通过科技进步，推进了市政工程建设上水平。如运用交通理论搞设计，在中环线设计中，为尽可能提高行车速度，提高道路通行能力，在交通组织、断面布置、线形设计、控制断口长度等方面，做了合理布局，如主跨为 260 米的预应力钢筋混凝土斜张桥（永和桥）的设计、立交桥的加筋挡土墙、异形桥面板、地铁通西站的钢筋混凝土箱涵长距离顶进等。有些具有独创性，如污水处理厂沉淀池工程用爆破扩孔垂直锚杆代替抗浮混凝土，顶管施工中使用自制的激光准直校正仪，以及利用粉煤灰作道路基础等。有些成果解决了施工中的关键问题，如十一经路立交桥工程采用土洋结合的办法吊装跨铁路立交的 180 吨大梁，地铁施工的降低深层地下水，用电脑控制泵站运行，道路维修中用自制的铣刨机代替风镐或人工刨路等。改革开放以来，制定和修编涉及市政公路工程建设和养护管理的一批工程建设地方标准、规范和技术规程。

1. 道路工程技术的发展

20 世纪 80 年代初期，研究发展了石灰土用作道路路面基层材料新技术，改变了以往路面基层习惯用砂石材料的做法；20 世纪 80 年代中后期，疏港公路工程在国内率先应用粉煤灰、钢渣作为道路基层材料获得成功，其技术及技术参数被纳入国际标准；“三环十四射”工程成为应用交通工程理论指导设计的典范；路面结构发展了黑色路面技术，研究采用大粒径黑色碎石作为连接层，提高了路面整体强度；桥头引路推广应用了加筋土挡土墙代替了钢筋混凝土挡土墙，节省了工程造价；京津塘高速公路工程形成了包括软土路基处理技术，石灰、粉煤灰基层施工技术，水泥稳定级配碎石基层施工技术和沥青路面摊铺自动找平工艺在内的一整套高速公路施工工艺和技术；“九五”期间，研发并推广应用重交通沥青、改性沥青、土工织布、增钙渣、钢纤维水泥混凝土、乳化沥青、复合式路面等新技术、新材料；相继研制了一大批道路技术研究试验仪器，引进了一大批先进的科研设备，开发了处于国内领先水平的城市道路 CAD 系统，使全局在道路专业领域的设计、科研能力和水平得到大大增强和提高。进入 21 世纪后，在软土路基加固处理技术研究、皂化渣稳定土路用技术性能研究、高速公路软基病害检测技术、高性能沥青混合料设计及应用研究等方面取得成果，开发了城市立交 CAD 系统、市政给排水管网工程 CAD 系统等。

2. 桥梁工程技术的发展

1982 年建设十一经路立交桥时，主梁就位后，在简支体系受力情况下再行二次施加预应力转换成连续体系的工艺技术的成功应用，结束了天津市只能修建板凳桥的历史。中环线及外埠大型立交桥的设计与施工，桥梁工程弯、坡、斜、异形结构技术得到应用和发展，改变了在线形设计上只能路服从桥而桥不能服从路的历史。跨河大桥的施工能力由过去只能完成最大跨径为 60 米左右的桥梁，发展为现在可设计 600 米跨径、施工 300 多米跨径的跨河大桥工程。永和大桥的建设，开创了我市设计建设斜拉桥的先河，使我市大跨度预应力混凝土设计施工技术取得突破性进展；唐津高速滨海大桥的建成，标志着斜拉桥设计、施工技术实现了新的突破。海河开发改造中各种特种结构桥梁的设计、施工，桥梁抬升技术的成熟，桥梁类型的多样化等，标志着我市桥梁设计与施工技术已跨入国内先进行列。在桥梁工程技术研究与应用方面，大跨度 P.C 斜拉桥牵索式长挂篮施工新技术为国内首创，预应力曲线箱梁和异形箱梁研究成果在上海罗山路立交和天津顺驰立交工程中得到成功应用；唐津高速永定新河大桥工程，在国内首次成功实践了高强轻质陶粒混凝土在引桥桥梁构件中的应用，具有突破性；京珠高速武汉军山长江大桥钢桥面沥青铺装层施工技术，填补了我市钢桥面沥青混凝土铺装施工的空白。海津大桥 3×55 米跨等截面预应力混凝土曲线连续箱梁桥，采用 MSS 上承式造桥机施工工艺，跨度为国内最大，490 米曲线半径为世界最小。预应力混凝土技术在大跨度预应力混凝土空心板梁和预应力混凝土连续箱梁桥的设计施工中得到大力推广应用。在地道桥施工中，在国内率先创出铁路驼峰口采用推进法修建地道桥的新工艺。

3. 排水与污水处理工程技术的发展

20 世纪 90 年代初取得的排水管道

工艺改革一体化研究成果，融合了改革开放以来排水管道工程领域所取得的技术成果和经验，对排水管道工程技术从管材系列、管道接口、管道基础、装配式检查井、排水管道快速施工工艺、质量管理、管材制品 7 个方面配套技术进行了系统研究和总结，基本形成了一整套完整的工艺体系，居国内领先水平。与此同时，重力流管道承插口式排水管材及相关工艺技术取得成果，在国内管道施工中首创直径 300 ~ 400 毫米、长 4 米的钢筋混凝土承插口管材采用柔性接口，并以闭气代替闭水检验的新工艺，大大加快了工程进度。研究开发了 UPVC 塑料排水管道应用技术，施工工艺技术，设计、施工验收标准等成套技术。

污水处理技术形成于纪庄子和东郊两大污水厂。在两厂建设过程中，取得了曝气活性法二级生化处理工艺、污水生物除磷脱氮工艺、污泥中温两级消化提高产气率技术等十多项国家级科技成果，奠定了市政工程局在国内同行业的技术领先地位。东郊污水处理厂成功地引进采用了法国先进的计算机监控系统、A/O 工艺、沼气发电设备和技术，表明市政工程局的污水处理厂设计技术已达国际先进水平。在污水处理厂的施工方面，相继研究应用了导流墙 7 厘米板的施工安装工艺、曝气池水工大模板混凝土浇筑工艺、大型构筑物预应力绕丝技术、地下工程大体积抗渗混凝土整体浇筑施工技术等，这些工艺均属国内首创，居国内同行业领先水平。

4. 市政公路工程标准化建设

1) 道路工程建设标准

2003 年天津市道桥处主编了《天津市城市道路养护技术规程》、天津市市政公路质监站主编了《城市道路工程质量检验标准》；2004 年天津市市政工程局修编了《天津市市政工程施工技术规范（道路工程部分）》；2005 年天津市市政设计院修编了《天津市城市快速路设计标准》《天津市市政工程设计文件编制标准》，2010 年主编了《天津市人行道及人行广场防滑技术标准》；2007 年天津市道桥处主编了《天津市城市快速路养护技术实施细则》等。

2) 桥梁工程建设标准

2003 年天津市市政公路质监站主编了《城市桥梁工程质量检验标准》；2004 年天津市道桥处主编了《天津市城市桥梁养护技术规程》，天津市市政工程局修编了《天津市市政工程施工技术规范（桥梁工程部分）》；2005 年天津市道桥处主编了《天津市城市桥梁养护操作技术规程》；2006 年天津市市政工程局主编了《天津市钢筋混凝土桥梁耐久性设计规程》；2008 年，天津五市政公司和滨海路桥公司主编了《天津市钢桥面环氧沥青混凝土铺装施工技术规程》；2009年，天津市市政设计院主编了《天津市市政公路箱梁匝道桥设计暂行规定》；2010年天津五市政公司主编了《天津市钢桥面浇筑式沥青混凝土铺装施工技术规范》；2011年，天津市市政设计院主编了《天津市桥梁结构健康监测系统技术规程》。

3) 公路工程建设标准

2004年天津市公路局修编了《公路沥青路面冷再生设计与施工技术规程》；2006年，天津市高速公路投资建设发展公司、公路设计院主编了《天津市高速公路养护技术规范》，天津市公路局主编了《公路沥青路面裂缝密封施工技术规程》；2007年天津市公路处主编了《天津市公路沥青路面微表处施工技术规程》。

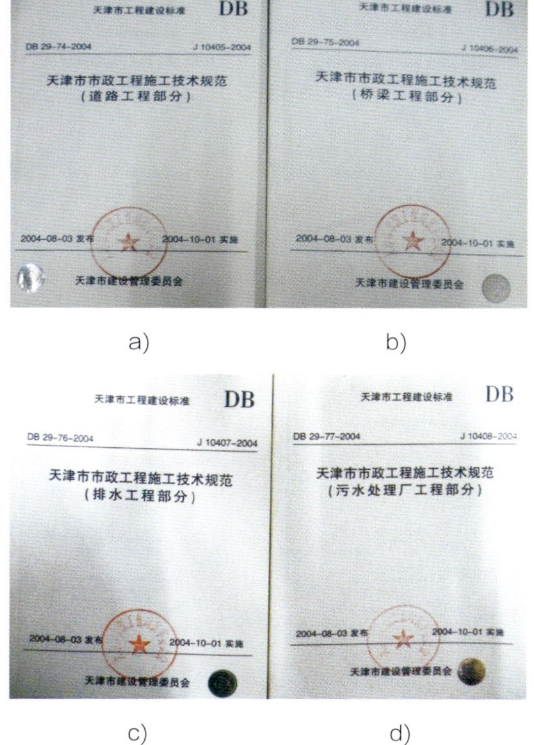

a) b)

c) d)

▲ 市政公路工程标准化建设

4) 排水及污水处理厂工程建设标准

2003年天津市市政公路质监站主编了《城市排水工程质量检验标准》和《城市污水处理厂质量检验标准》；2004年天津市市政工程研究院和天津市市政建设公司主编了《埋地聚乙烯（PE）排水管道工程技术规程》，天津市市政工程局主编了《天津市市政工程施工技术规范（排水工程部分）》和《天津市市政工程施工技术规范（污水处理厂工程部分）》，天津市市政设计院修编了《天津城市排水泵站建设标准》，天津市市政工程研究院主编了《增强聚丙烯（FRPP）室外排水管道工程技术规程》和《混凝土排水管道工程闭气检验标准》，天津市排水管理处主编了《天津市排水设施养护、维修技术规程》；2010年天津市中水公司主编了《城镇再生水运行、维护及安全技术规程》；2012年天津市市政公路质监站主编了《城市污水处理厂质量验收规范》。

5) 地铁工程建设标准

2003年，天津市市政公路质监站修编了《城市地铁工程质量检验标准》。

跋

Postscript

天津解放以来市政公路建设的发展历史，正是天津市市政工程局从起步到成就辉煌走过的历程。市政公路干部职工为天津市市政基础设施和公路交通设施的建设发展做出了不可磨灭的贡献。遵照许多老同志的意愿，为了铭记历史、激励后人，我们以天津近代以来城市基础设施的发展历程为主线，以展示改革开放以来市政公路建设所取得的辉煌成就为重点，广泛搜集大量文字图片等档案资料，并采访了部分老同志，精心撰写，并摘选了1200余张图片，编撰了《天津市政记忆》这套书。

本丛书第一册《近代天津的城市基础设施》反映的是自1860年天津近代史的开端到1949年天津解放这段时期天津基础设施的历史演变过程；第二册《1949—1977年天津市政公路建设》展示的是自1949年天津解放至改革开放之前的1977年这段时期的天津市市政公路建设发展历程；第三册《1978—2014年天津市政公路建设》浓笔重墨地展示了1978年改革开放以来到2014年天津市政公路建设取得的辉煌成就；第四册《1949—2014年天津市政公路养护管理》反映的是天津解放以来市工务局、市建设局、市政工程局、市政公路管理局不断加强设施管理，提升设施服务水平，完善路网系统，增强城市载体功能，打造美丽天津所做的工作。这套丛书力求图文并茂、资料翔实、简明扼要，可作为了解天津近代百年特别是改革开放以来市政公路设施发展历程的参考书和资料书。

在本丛书策划编写过程中，广泛参考了各种相关出版物和多方面的研究成果，恕不一一详列，在此一并致谢。由于一些重点工程编者未能直接参与，加之编写水平和其他条件有限，故难免有疏漏不当之处，敬请批评指正。

编 者

2016年6月